마음을 다해 대충 하는
미니멀 라이프

마음을 다해 대충 하는 미니멀 라이프

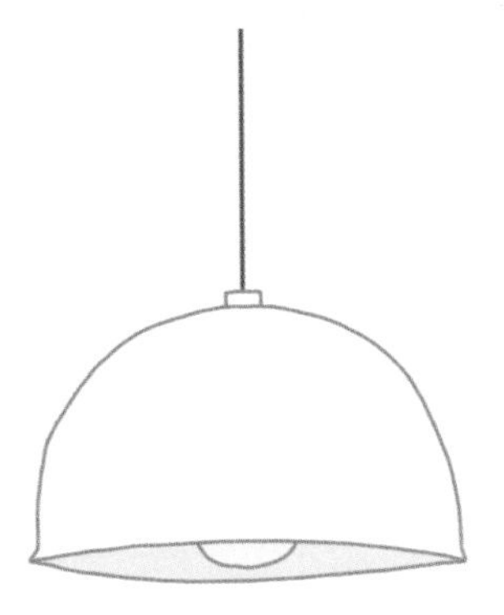

지은이 밀리카

Prologue

'완벽'이 아니라 '대충'에 기대어 평생 함께하는 미니멀 라이프

어릴 적 좋아하던 동화책을 다 읽고 나면 이후의 이야기가 무척 궁금했습니다. '신데렐라는 왕자와 결혼해서 행복하게 살았을까, 백설 공주는 마녀가 건네준 독사과를 먹고 죽을 뻔했던 기억으로 평생 사과는 입에도 안 대고 살았을까?' 하는 시시콜콜하지만 애정 어린 물음표가 마음에 남았지요.

어른이 되어 책을 읽을 때도 마찬가지입니다. 저자가 특별한 경험이나 새로운 신념으로 변화된 삶을 살게 되었다는 글에 감동을 받을 때면 마음 한구석 '이분은 지금도 이 책의 내용처럼 살고 계실까?' 하는 궁금증이 생겨 근황을 찾아보곤 했지요. 한결같이 살아가는 분을 보면 존경심이 들고 혹여 책의 내용과는 조금 다른 모습일지라도 인간의 삶은 변화되기 마련인지라 그 과정 중 빛나는 부분을 기꺼이 책으로 나누어주셨다는 것만으로도 고마운 마음이 듭니다.

종종 제 책에 쓴 적지 않은 다짐과 고백을 돌이켜보는 시간도 갖습니다. 분명 내가 쓴 글인데 '왜 이런 허무맹랑한 자만심을 가졌을까?' 하는 후회도 들고, '이때는 참 순수한 열정이 넘쳤군' 하는 기특한 마음도 듭니다.

특히 2018년 출간한 첫 책《마음을 다해 대충 하는 미니멀 라이프》는 의미가 남다르게 다가옵니다. 사사키 후미오 작가의《나는 단순하게 살기로 했다》를 읽고 미니멀 라이프를 접한 뒤 물건을 비우고 환경을 바꾸는 데 열중하던 시기였습니다. 당시 미니멀 라이프로 변화된 제 삶이 어찌나 신기하고 감사하던지 매일매일 남기고 싶은 글과 사진이 넘쳐났습니다.

그 결과물로 이 책이 세상에 선을 보인 지도 4년이 흘렀습니다. 책장을 덮고 나서 이후의 이야기를 상상하던 저처럼 제 책을 읽고 지금의 이야기가 궁금할 독자분도 있을지 모르니 기회가 되면 그 후일담을 직접 들려드리고 싶었습니다. 그래서 개정판을 준비하며 당시 제가 느꼈던 미니멀 라이프의 설렘과 과정, 시행착오 등을 가감 없이 전달하는 한편 지금의 이야기를 함께 담고자 했습니다.

4년 전의 나와 지금의 내가 닮은 듯 달라졌듯, 제 미니멀 라이프도 그때와 다른 부분도 여전한 부분도 있습니다. 남편과 나, 2인 가족이 여전히 같은 집에 살고 있고 전기밥솥이나 전기 포트 없이 냄비로 밥을 짓고 물을 끓여 먹고, 에어컨 없이 선풍기 한 대로 여름을 무탈하게 보내고 있습니다. 하지만 코로나로 활동이 제한되면서 집에서 쓸 수 있는 운동기구나 홈케어 제품들도 야금야금 자리를 차지하게 되었습니다. 또 옷장에 옷이 대폭 늘어나면서 옷걸이를 더 사야 하나 늘어난 만큼 기존의 옷을 비워야 하나 오늘도 고민 중입니다.

처음 책을 냈을 때처럼 변함없이 미니멀 라이프를 하고 있냐고 물어온다면 선뜻 대답하긴 어렵습니다만, 단 하나만큼은 자신 있게 대답할 수 있답니다. 저는 여전히 마음을 다해 '대충' 미니멀 라이프를 하고 있다고요.

당시 책 카피로 쓰인 "오늘도 1+1 세일에 흔들리지만 날마다 조금씩 단단해져 갑니다"라는 글귀처럼 작은 유혹에도 마음이 갈팡질팡하는 줏대 약한 사람이지만, 미니멀 라이프로 얻은 여유와 행복이 얼마나 소중한지 알기에 나만의 미니멀 라이프를 즐겁게 유지하며 산다고 말입니다. 제 미니멀 라이프의 목표는 '완벽'이 아니라 '대충'에 기대어 평생 함께하는 거니까요.

책을 쓰던 당시에 인연을 맺은 반려 식물들은 지금 키도 훌쩍 크고 잎도 훨씬 풍성한 모습으로 성장했답니다. 식물을 잘 키우지 못해 여럿 떠나보낸 과거를 지닌 저로서는 나 자신에게도 식물들에게도 '참 대견하구나!' 하고 응원하는 마음이 생깁니다. 그 식물들처럼 아무쪼록 개정판에 담긴 제 미니멀 라이프도 작게나마 성장해 더 따뜻하고 너그러워진 목소리로 독자분들께 다가가길 감히 바라봅니다.

밀리카 드림

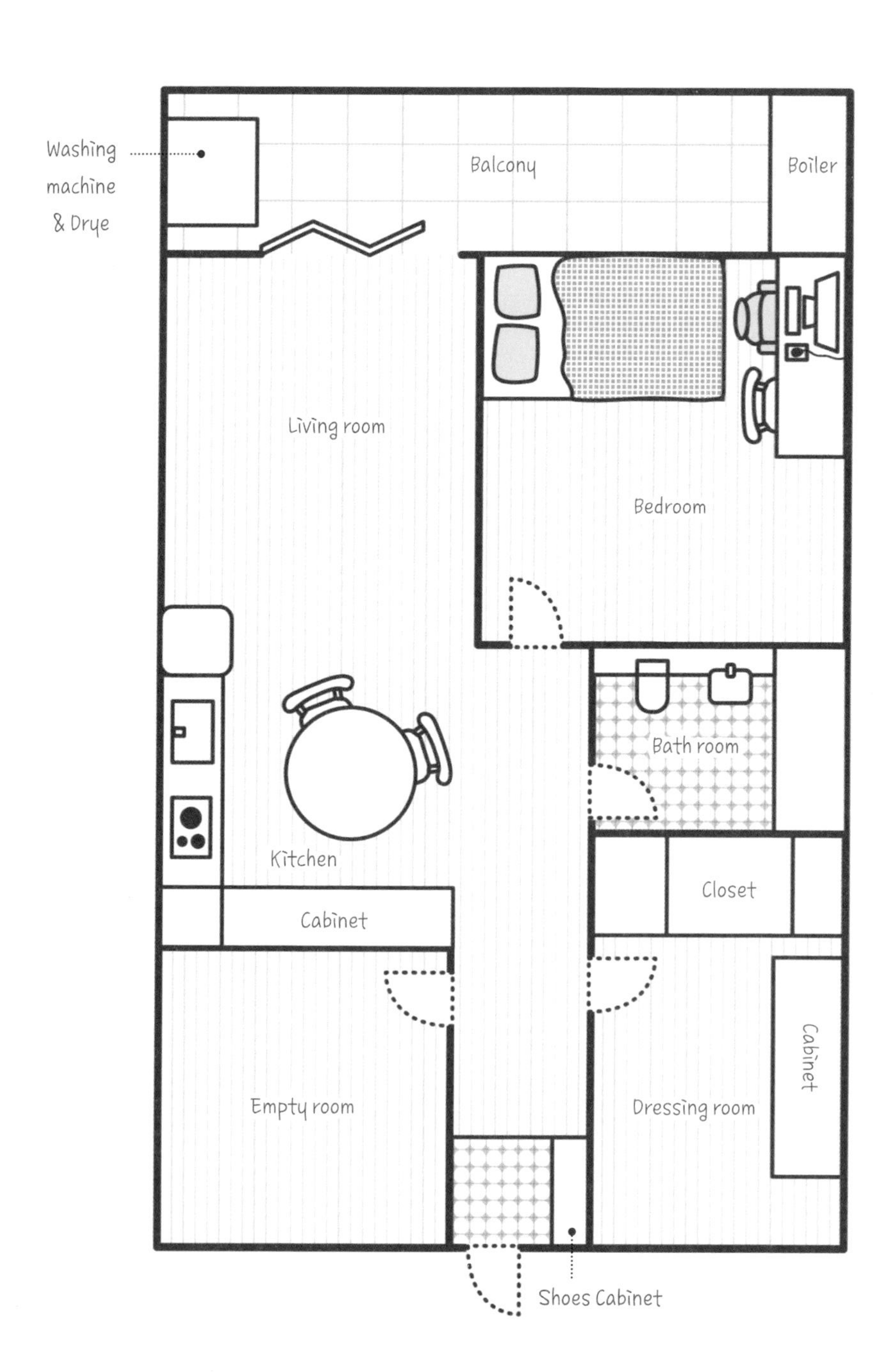
Washing
machine
& Drye
Balcony
Boiler
Living room
Bedroom
Bath room
Kitchen
Closet
Cabinet
Empty room
Dressing room
Cabinet
Shoes Cabinet

밀리카네 집을 소개합니다

과거에 저는 미니멀 라이프와는 아주 거리가 먼 사람이었습니다. 우연히 《나는 단순하게 살기로 했다》(비즈니스북스, 2015)의 저자인 사사키 후미오의 텅 빈 방 사진을 보고 미니멀 라이프에 관심을 가지게 되었고, 타고난 미니멀리스트인 남편과 결혼해 함께 미니멀 라이프를 꿈꾸며 살아가고 있지요.

우리의 신혼집은 방 3개에 욕실이 하나 있는 20평대 구축 아파트입니다. 입주 전 인테리어 공사를 앞두고 우리가 꿈꾸는 집에 대해 남편과 많은 대화를 나누며, 집이 쉴 수 있는 공간이 되길 바란다는 데 뜻을 모았습니다. 살림을 급히 장만하기보다는 살면서 필요한 물건이 생기면 하나씩 들이기로 했고, 미니멀 라이프의 든든한 기반이자 틀이 되어줄 공간을 만들고자 했습니다.

현관

현관에는 높은 키의 붙박이 신발장을 없애고 이동이 가능한 벤치 수납장을 제작했습니다. 자주 신는 신발은 수납장 하단에 두고 나머지 신발은 옷방 수납장에 보관하기 때문에 신발 수납공간에 대한 불편은 크게 없답니다. 벤치 수납장은 무겁지 않아 혼자서도 쉽게 이동할 수 있고 좌식 테이블로도 손색이 없습니다. 이렇게 다용도로 활용이 가능한 가구는 미니멀 라이프를 위한 멋진 파트너가 되어주지요.

주방

현관을 들어서 방문 사이의 짧은 복도를 지나면 주방과 거실이 있습니다. 평소 원형 테이블에 대한 로망이 있어 주방에는 흰색의 원형 테이블을 두었습니다.

부끄럽지만 혼자 살던 시절에 요리도 거의 하지 않으면서 그릇장을 28인조 그릇 세트로 가득 채웠습니다. 지금은 꼭 필요한 주방용품만 가지고 심플하게 사니 싱크대 공간에 여유가 있고 바로 설거지를 하니 살림에 대한 부담이 줄어 요리도 즐길 수 있게 되었습니다. 냉장고도 용량이 크지 않은 것으로 선택해서 그때그때 필요한 만큼만 장을 봐 사용합니다.

거실

햇살이 잘 드는 거실에는 TV와 소파 등의 가전, 가구를 두지 않고 여백을 최대한으로 누리고 있습니다. 거실은 벽과 천장 사이의 마감재인 몰딩을 없애는 '마이너스 몰딩'으로 시공했어요. 일반 몰딩에 비해 시공 절차가 복잡해 가격이 높은 편이라 거실에만 마이너스 몰딩을 했는데 시각적으로 간결한 느낌을 주어 만족도가 높았습니다.

거실은 TV나 소파 같은 가전, 가구 없이 최대한 여백을 살린 심플한 공간입니다. 계절에 따라서는 안방의 침대나 책상을 거실로 옮겨 원룸처럼 생활하기도 하고, 햇살이 좋은 날에는 주방 테이블을 발코니 창가 쪽으로 배치해 홈카페 느낌을 내기도 한답니다.

발코니

발코니는 거실과 이어져 있어서 자유롭게 들락날락할 수 있습니다. 발코니에 짐을 쌓아두다 보면 동선이 불편해져 결국 창고처럼 쓰는 경우가 많지요. 그래서 발코니 공간을 충분히 활용하기 위해 세탁기와 건조기 외엔 다른 물건은 가능하면 두지 않는답니다.

세탁 후 건조 시간을 단축하기 위해 고심 끝에 건조기를 들였습니다. 빨래를 널고 말리는 시간과 공간을 절약할 수 있고 옷과 침구류 수를 적게 유지하는 데 도움이 됩니다. 발코니와 거실 사이에는 바닥 단차를 없애고 폴딩도어를 설치해 개방감을 살렸습니다. 겨울을 제외한 평소에는 문을 열어두어 편하게 드나들고 있습니다.

침실

침실로 쓰는 안방에는 인테리어 공사를 할 당시에 집 분위기에 맞춰 심플한 디자인의 침대와 책상을 함께 제작해서 두었습니다. 헤드나 장식 없이 심플한 선과 면으로 이루어진 평상형 침대로 하단에는 서랍을 함께 만들어 수납공간을 보충했습니다. 계절에 따라 가구를 거실로 옮겨서 사용하기도 하는데, 침대 공간이 넉넉해 날씨가 더울 때는 요를 깔지 않고 평상으로 활용합니다. 가구를 자유롭게 재배치해서 변화를 줄 수 있는 것이 여백이 많은 미니멀 인테리어의 장점이지요.

옷방

옷방에는 기존에 있던 미닫이 붙박이장을 그대로 활용하고 옷장은 따로 설치하지 않았습니다. 작은 이동식 행거를 하나 구매해 계절에 따라 옷방과 거실 등을 자유롭게 옮겨 다니며 자주 입는 옷들은 이곳에 편하게 걸어두고 있습니다. 미닫이장에는 계절이 지난 의류가 담긴 소프트박스를 넣어두고 하단에는 부피가 큰 이불을 보관합니다. 가끔 신는 구두나 가전 박스 등도 이곳에 수납하고 있답니다. 전에는 옷이 너무 많아 행거가 무너지는 일이 다반사였는데 미니멀 라이프를 하면서 옷의 양을 대폭 줄였습니다. 인테리어 공사를 하며 만든 옷방의 반장에는 화장품과 액세서리, 책과 다리미 등을 수납합니다.

욕실

욕실은 따로 창문이 없어 환기가 어려운 구조입니다. 습기에 취약한 만큼 최대한 심플한 것이 관리도 편하다고 생각해 욕실 선반장은 설치하지 않았습니다. 고심 끝에 욕조도 철거했는데 욕조에 몸을 담그는 것을 무척 좋아하다 보니 추후에 아쉬웠던 부분입니다. 물건 역시 최소한으로 꼭 필요한 것만 두고 여분의 수건, 휴지, 칫솔과 치약 등의 세정용품은 욕실 바로 앞에 있는 주방 수납장에 보관하고 있습니다.

인테리어 공사를 할 때 벽 전체를 가리는 수납 가구를 들이는 대신 꼭 필요한 수납공간만 적당한 높이로 제작했습니다. 싱크대와 욕실 사이에 반장 스타일의 수납장을 두고 주방용품과 욕실용품을 보관하고 있습니다. 필요한 물품이 있을 때 꺼내기에 불편함이 없고 남은 수량도 한눈에 점검할 수 있습니다.

여백의 방

3개의 방 중 한 곳은 가구나 물건이 없는 여백의 공간으로 두었습니다. 간혹 충동적으로 물건을 사고 싶은 욕심이 생길 때 이 방에 들어와서 잠시 생각을 하면 신기하게도 어지럽던 마음이 차분하게 가라앉는답니다. 여백이란 그저 텅 빈 것이 아니라 무엇으로도 채울 수 있는 가능성으로 가득한 공간이란 생각이 듭니다. 훗날 아이가 태어나면 아이 방이 될 수도 있고 손님방으로 변신할 수도 있겠지요. 실제로 친지들이나 지인들이 방문할 때면 부산스럽지 않게 공간을 내어드릴 수 있었고, 겨울철에는 따로 난방을 하지 않고 서늘하게 유지해 식품 보관에도 좋았습니다. 코로나로 남편이 재택근무를 할 때는 오피스룸으로, 운동기구를 들여 체력단련실로 만드는 등 다양한 활용이 가능했답니다.

차례

PART2 | 느낌표 가득한 미니멀리스트의 일상

오! 나의 미니멀 라이프!

PART3 | 쉼표로 내 마음 위로하기

단순하게, 자연스럽게 거리두기

PART4 | 괄호 안에 숨은 내 마음

오늘도 흔들리고 말았습니다

PART5 | 따옴표로 전하는 특별한 이야기

나의 미니멀리스트 선생님들

PART1 | 물음표로 시작된 미니멀 라이프

저도 미니멀 라이프는 처음입니다만

'현재'를 사랑하는 미니멀리스트

제 인생의 영화는 〈500일의 썸머〉입니다. 운명적인 여자를 기다리던 톰은 어느 날 썸머(Summer)라는 여인을 만나 사랑에 빠집니다. 하지만 그의 바람과는 다르게 썸머와는 애인도 친구도 아닌 애매한 관계를 이어가다 결국 헤어지게 됩니다. 톰은 운명 같은 사랑은 없다며 낙담에 빠지지요.

방황하던 톰은 생계를 위해 다니던 직장을 그만두고 꿈꾸던 건축가가 되기로 결심합니다. 그런데 면접을 보러 간 곳에서 경쟁자로 만난 여인에게 호감을 느끼고 그녀의 이름을 묻습니다.

"이름이 어떻게 되세요?"

"내 이름은 어텀(Autumn)이에요."

어텀. 그녀의 이름을 들은 그가 기분 좋은 미소를 지으며 영화는 끝납니다. 어쩌면 이별 후에 새로운 사랑을 만나는 흔하디흔한 로맨스로 보일 수도 있겠지만 마지막 대사를 들으며 카운터펀치를 제대로 맞는 느낌을 받았습니다. 여름이 끝나고 가을이 오듯 언젠가는 새로운 인연을 만나게 된다는 참으로 근사한 상징이었습니다.

극장에서 영화를 보고 나와 철없는 마음에 나도 앞으로 운명의 상대를 만났을 때 모르고 그냥 지나치지 않게 영화처럼 이름으로 힌트(?)를 주셨으면 좋겠다는 엉뚱한 기도를 드렸답니다. 어떤 이름이 좋을까 생각해봤더니 마침 딱 떠오르는 이름이 있었습니다.

당시에 저는 과거를 후회하고 미래를 불안해하는 성향이 강한 사람이었습니다. 《나는 단순하게 살기로 했다》의 저자 사사키 후미오는 미니멀리스트가 되기 전 동료가 건네준 메모 한 장도 버리지 못했다고 합니다. 저도 과거에 대한 미련 때문에 물건을 버리지 못하고, 혹시 필요한 순간이 올까 봐 당장 필요도 없는 물건을 사곤 했습니다. 과거의 상처를 곱씹거나 불확실한 미래에 대한 염려로 정작 지금 할 일에 집중하지 못하는 경우도 빈번했습니다. 내게 가장 필요한 건 과거도 미래도 아닌 '현재'라고 절실하게 느끼던 시기였습니다.

대충 눈치챘을 수도 있지만, 제 남편의 이름은 바로 '현재'입니다. 처음에 서로 이름도 모른 채 만났기에 남편이 "현재입니다"라며 소개할 때 하나님께서 제 하찮은 기도를 들어주신 건가 하고 적잖이 놀랐습니다. 물론 단순히 이름 하나만으로 사랑에 빠진 것은 아니지만 남편의 이름을 처음 듣는 순간부터 운명을 예감했다고나 할까요.

그리고 '현재'란 이름을 가진 그는 저와 전혀 다른 타고난 미니멀리스트였습니다. 이후 연애 시절부터 그의 영향을 받아 물건에 대한 과도한 집착에서 조금씩 벗어날 수 있었고, 《나는 단순하게 살기로 했다》를 읽고 미니멀 라이프에 본격적으로 관심을 가지게 되었습니다. 결혼 후에는 함께 미니멀 라이프를 지향하며 살고 있기에 남편은 제 미니멀 라이프의 사이좋은 동반자이자 멘토랍니다.

미니멀 라이프란 '현재'에 감사하고 '현재'를 사랑하며 사는 거라 합니다. 저도 그렇게 살고 싶습니다. 왜냐하면 제게 미니멀 라이프란 남편에게 사랑을 고백하는 또 다른 표현이기 때문입니다.

#500일의 썸머

영화 〈500일의 썸머〉에서 남자주인공이 새로운 인연을 만나듯
이름이 어떻게 되세요?
내 이름은 어텀(Autumn)이에요.
제게도 그런 인연이 생기길 기도했습니다.
하나님, 운명의 주인공을 만났을 때 제게도 이름으로 힌트를 주세요.
어느 날 새로 이사 간 동네 동호회의 정모에 나가
달랑 세 명~
어색
어색
어색함에 핸드폰만 만지작거리다
1:30
"과거는 잊고 현재를 사랑하게 해주세요"
만지작
만지작
앞에 앉은 남자분의 이름을 물었습니다.
저…이름이 어떻게 되세요?
그리고 그가 대답했습니다.
제 이름은 '현재'입니다.
띠링~
라고 말이에요.

잊을 수 없는
한 장의 사진

좀 쑥스러운 비유지만 저는 일명 '금사빠(금방 사랑에 빠지는 사람)'에 속한답니다. 돌이켜 생각하면 남편을 제외한 내 인생 최고의 금사빠 대상은 미니멀 라이프가 아니었나 싶습니다.

우연히 인터넷 서핑을 하다 베스트셀러를 소개한 기사에서 《나는 단순하게 살기로 했다》의 저자인 사사키 후미오의 방 사진을 보았습니다. 미니멀 라이프란 명칭이 생소했고 책이 무슨 내용인지도 모르는 상태였음에도 그 사진을 본 순간 온몸에 전율을 느꼈답니다. 그 사진 속에서 이제껏 경험해보지 못한 아름다움을 보았기 때문입니다.

텅 빈 방에서 작은 좌식 테이블에 앉아 창밖을 바라보는 한 남자의 모습에서 형언하기 어려운 평화가 보였습니다. 지금까지 살아오면서 제 관심을 끈 사진들은 물건으로 완벽하게 세팅된 모습들이 대부분이었답니다.

인물 사진을 봐도 그 사람이 걸친 의상과 가방에 먼저 눈이 가고, 집을 볼 때도 어떤 소품으로 꾸몄는지를 중시했습니다. 그런데 그 사진 속 방은 물건이 없어도 모든 것을 압도하는 충만함이 느껴졌습니다. 도대체 사진 속 남자는 어떤 삶을 살아가는 걸까 궁금했고 미니멀 라이프에 대한 호기심이 생겼습니다.

산속에 위치한 고즈넉한 집도 아니고 특별한 장식도 없는 원룸일 뿐인데, 〈나니아 연대기〉에서 옷장의 문을 열자 새로운 세계가 펼쳐지듯 그 방은 특별한 공간으로 다가왔답니다. 타고난 미니멀리스트인 남편(당시엔 남자친구)을 통해 심플하게 사는 것이 무엇인지 지켜보긴 했지만 미니멀 라이프를 내 삶에 가이드로 받아들인 결정적 계기는 그 사진 한 장이었습니다.

바로 《나는 단순하게 살기로 했다》를 구입해 읽으며 저자 역시 물욕을 초월한 특별한 사람이 아니라 쇼핑으로 스트레스를 풀거나 물건을 수집하는 일에 자부심을 느끼던 나와 크게 다르지 않은 평범한 사람이었다는 것을 알게 되었습니다. 그리고 자연스레 '미니멀 라이프라는 거 잘은 모르지만 나란 사람도 할 수 있지 않을까?' 하는 용기가 생겼습니다. 그렇게 미니멀 라이프가 제 삶 속으로 들어왔고 그로 인해 얻은 긍정적인 변화가 제겐 참 소중합니다.

미니멀 라이프를 실천하다 보면 예상치 못한 난관들을 만나기도 합니다. 현실에 부대끼며 살다 보면 강렬하게 매혹된 처음의 감흥을 잊듯 미니멀 라이프에 대한 마음이 느슨해지기도 하지요. 그럴 땐 사사키 후미오 작가의 방 사진을 다시 찾아봅니다.

종종 주변 지인들로부터 남편의 어떤 점에 반했냐는 질문을 받으면 나와는 전혀 다른 사람이었기 때문에 끌렸다고 답합니다. 충동적이고 감정 기복이 심한 나와 달리 남편은 언제나 93.1 주파수에 맞춰진 클래식 채널처럼 평온한 스타일입니다. 어쩌면 미니멀 라이프 역시 오로지 채우는 것에만 열중하던 나와는 백팔십도 다른 삶의 관점이기 때문에 사로잡힌 게 아닐까 싶습니다.

남편이 완벽하게 훌륭한 사람이라고 단언할 수는 없지만 나와 잘 맞는 사람이고 내 마음을 편안하게 만드는 건 분명합니다. 마찬가지로 무조건 미니멀 라이프만이 완벽한 삶이라 여기지는 않습니다. 하지만 나를 이전보다 겸손하고 너그럽고 여유로운 사람으로 만들어주기에 앞으로도 함께하고 싶을 뿐입니다. 시작은 '금사빠'였지만 시간이 지날수록 더 깊어지는 마음으로 말이지요.

살다 보면 강렬하게 매혹된 처음의 감흥을 잊듯
미니멀 라이프에 대한 마음이 느슨해지기도 합니다.

그럴 땐 나를 미니멀 라이프에 입문하게 해준
사사키 후미오 작가의 방 사진을 다시 찾아봅니다.

캐리어로 이사가 가능할까?

결혼 후 한동안 작은 원룸에서 머무르다 신혼집에 정식으로 입주하게 되었습니다. 이사하던 날, 남편과 나의 모든 짐을 여행용 캐리어 가방에 넣어 차에 실었습니다. 남편은 기념사진을 찍은 뒤 창밖의 풍경을 잠시 바라보더군요. 새로 이사 들어오실 분들께 달콤한 빵과 함께 이곳에서 행복하시길 바란다는 메모를 남겼습니다. 감사 인사를 짧게 적은 메모와 빵을 담은 쇼핑백을 이웃집 문손잡이에 걸어두었습니다. 차에 실리지 않는 자전거는 남편이 직접 타고 신혼집에 옮겨두기로 했습니다.

떠나기 전 그동안 지냈던 공간을 둘러봅니다. 둘이 누우면 꽉 찰 정도로 작은 방이지만 미니멀 라이프의 출발점과 같은 특별한 장소입니다. 우연한 기회에 미니멀 라이프를 알게 되면서 제 삶은 많이 달라졌습니다. 만약 미니멀 라이프를 몰랐다면 집 크기에는 상관없이 신혼의 로망에 젖어 이것저것 잔뜩 쇼핑을 해 채워 넣었을 것이 분명합니다.

과거에 저는 채워도 채워도 만족을 못 해 언제나 짐이 넘치게 많았답니다. 회사에서 자리 이동만 해도 얼굴이 창백해질 정도로 짐 때문에 버거웠던 내가 캐리어 가방으로 이사를 하다니! 잠시 외국 여행을 갈 때도 캐리어 무게를 초과해 오버차지를 물어야 했던 내가…. 스스로도 믿기지 않는 사건입니다.

사실 결혼 후 곧 들어갈 예정이던 신혼집 입주가 기존 세입자 사정으로 미뤄지게 되면서 부득이하게 원룸에서 지내게 되었습니다. 별도의 수납공간도 거의 없다 보니 자연스레 꼭 필요한 물건만을 가지고 생활하게 되었습니다. 과거의 나라면 신혼집에 들일 물건의 구매 리스트를 정리해 인터넷 쇼핑 삼매경에 빠졌을 것이 분명합니다. 하지만 원룸에서 지내는 동안 당장 지내는 데 필요한 생필품 외엔 일절 사지 않았습니다. 지금의 나에게 필요한 건 채움보다는 비움이라는 것을 깨달아가는 중이었기 때문입니다.

'우선은 비우는 것에 몰두하자.'

익숙하다 못해 당연해진 소비에 일시 정지 버튼을 누르고 비우면서 내 삶을 전반적으로 돌아보는 시간을 가졌습니다. 결혼 전 불필요한 물건을 중고거래로 팔거나 기증하면서 차츰 비워나가는 과정에서 느낀 바가 있었습니다. 중고거래가 익숙지 않아 우여곡절도 많았지만 '이게 다 돈인데…' '나중에 필요해지면 어쩌지…' 하는 미련과 집착을 버리는 것이 가장 힘들었습니다. 비우는 일이 쉽지 않다는 것을 경험하고 나니 신중하고 현명하게 숨을 고르며 소비하는 법을 배우고 싶어졌습니다.

차에 캐리어 가방을 싣고 새로운 동네로 왔습니다. 캐리어를 끌고 새집에 들어서는 것으로 이사는 차분히 끝이 났습니다. 너무 많은 짐을 포장하느라 진을 뺄 일도 없고 귀중한 물건이 부서지거나 분실될까 전전긍긍할 필요도 없으며 시간에 쫓기느라 허둥지둥 뛰어다닐 일도 없는 가벼운 이사는 골칫거리가 아닌 즐겁고 설레는 경험이었습니다.

생각해보면 이사가 싫었던 까닭은 낯선 곳으로 터전을 옮기는 불안함 보다는 이 많은 짐을 언제 다 싸나 하는 부담감 때문이었답니다. 포장이사 업체의 신세를 진다 해도 주방용품이 옷장에 들어 있고, 옷은 이불장에 있는 어수선한 상황이다 보니 박스에 용도별로 담아달라 부탁하기조차 민망했습니다.

이사 후에도 짐 정리를 차일피일 미루어 한동안은 집다운 공간을 만들지 못하는 경우가 다반사였답니다. 그러니 이사 자체가 지닌 설렘과 감동을 느낄 여유가 소금 한 톨만큼도 없었던 게 당연합니다.

신혼집에 입주한 이후에 꼭 필요한 가구와 물건을 새로 채웠기에 또다시 캐리어 가방으로 이사하는 일은 불가능할지도 모릅니다. 하지만 '캐리어 이사'를 준비하면서 미니멀 라이프에 대해 성찰하고 실천한 과정과 이사 당일 느꼈던 홀가분한 기분은 큰 자산으로 남았습니다. 짧은 여행에도 캐리어 지퍼가 터지도록 '과욕'이란 이름의 짐을 낑낑거리며 지고 다녔던 내가 캐리어 가방으로 가뿐하게 이사를 해냈다는 가슴 벅찬 성취감을 잊지 못할 것입니다. 또한 이날의 경험은 앞으로 살아가며 절제가 주는 자유로움을 상기시켜주는 미니멀 라이프의 이정표가 되어줄 것입니다.

작가 무라카미 하루키의 수필집 《작지만 확실한 행복》(문학사상, 2010)에 실린 글 중 〈나는 이사하기를 좋아한다〉에서 그는 이사가 작지만 확실한 행복이라고 했습니다. 그의 표현을 빌어본다면 캐리어 이사는 '작은' 이사여서 더 '확실한 행복'이 아닐까 싶습니다.

신혼집에 입주하기 전 우리 부부는

2개월간 원룸에서 지내며

채움보다는 비움에 몰두했고

신혼살림에 꼭 필요한 물건만 남겼습니다.

신혼집으로 이사하던 날은

캐리어 3개에

모든 짐을 넣어서 떠날 수 있었습니다.

불행을 물건으로 가리지 않기

미니멀리스트에 관심이 생기고 관련 서적을 읽으며 도움을 많이 받았습니다. 그중 심플한 삶에 대한 깊은 철학을 지닌 도미니크 로로 작가의 책은 미니멀 라이프에 심리적 관점에서 접근한다는 점이 인상적이었답니다. 특히 그의 저서 《심플한 정리법》(문학테라피, 2013)의 한 문장이 깊은 울림으로 다가왔습니다.

"불행한 사람일수록 더 쌓아두려 한다."

물건을 지나치게 구매하거나 버리지 못하는 사람들의 심리를 들여다보면 과거의 경험에서 비롯된 결핍이 있을 수 있다는 설명이 뒤따랐습니다. 또한 소유한 물건이 무의식적인 심리 상태를 반영할 수 있다는 해석을 보며 한창 물건에 둘러싸여 살던 지난날이 떠올랐습니다. 예전 집 사진을 볼 때면 '정리정돈과는 담을 쌓고 살았네' 하는 외관상 문제만 보였답니다. 그런데 책을 읽으며 이제껏 몰랐던 당시의 내 속마음이 보이기 시작했습니다.

낯선 외국에서 홀로 지낼 때, 커다란 인형과 여러 개의 쿠션들이 침대 위를 장악해 내 한 몸 누울 공간도 부족할 정도였습니다.

'이때 나는 많이 외로웠던 거야. 그래서 기댈 곳 없던 마음을 푹신한 쿠션에 기대고 싶었던 건 아니었을까. 불안해서 잠들지 못하던 밤에 커다란 곰 인형을 껴안고 위로받고 싶었구나.'

또 향초를 종류별로 사 모으고 낮이든 밤이든 켜두곤 했습니다. 돌이켜 생각해보면 당시 내가 원했던 건 향초의 불빛이 아니라 누군가와 나누는 따뜻한 온기였을 겁니다. 그러한 마음속 어두움을 해결하지 못해 향초 불빛에 의존하며 지냈던 건지도 모릅니다.

직장 생활을 하며 햇볕이 잘 들지 않는 작은 원룸에 홀로 살 때는 집안 곳곳에 꽃을 꽂아두었습니다. 심지어 꽃이 그려진 음료수병 하나도 버리지 못했습니다. 이때의 나를 회상해보면 스트레스에 눌려 숨이 막힐 정도로 답답한 날이 많았습니다.

먹고 사는 현실적인 당면과제로 일에 쫓겨 정신없이 지낼 때 영화 포스터를 벽이나 창에 붙여두고 나중에 보러 가야지 하며 작은 위안을 삼기도 했습니다. 가고 싶은 전시회나 공연 전단지도 버리지 않고 모아두었답니다. 여유 없는 일상에서 그렇게라도 문화생활에 대한 갈증을 해소하고 싶었던 거겠지요.

살다 보면 누구나 때때로 우울하거나 고독한 시간을 거치기 마련인데 소심하고 나약한 심성 탓인지 그런 감정들을 더 짙고 강하게 느끼곤 했습니다. 과거에는 '내 마음 그릇이 좀 작구나' 하며 대수롭지 않게 지나쳤지만 지금 돌아보니 공허함을 상당 부분 물건으로 채우려 했다는 걸 깨달았습니다.

커다란 인형, 여러 개의 쿠션을 사들이는 과거의 나 자신을 혹여 만날 수 있다면 어떤 말을 해주면 좋을지 생각해보았습니다. 왜 이렇게 쓸데없이 물건을 사냐며 지적하고 싶지는 않습니다. 대신 꼬옥 안아줄 것 같답니다. 그리고 말해줄 것입니다. 지금은 타지에서 외롭고 힘들겠지만 겁내지 말라고. 충분히 잘해나갈 수 있을 거라고.

음료수병 하나도 버리지 못하던 나의 손을 잡고 가까운 공원에 가서 천천히 걸으며 바람 따라 흔들리는 꽃과 나무도 구경하고 하늘도 함께 바라보고 싶습니다. 맑은 공기에서 심호흡 한번 크게 하면 기분이 한결 상쾌해질 거라 격려해주고 싶습니다.

향초의 희미한 불빛 대신 눈부신 햇살을 보여줄 것입니다. 반짝이는 햇살을 공짜로 얻을 수 있는 것처럼 네 주변엔 너를 소중하게 여기

정신없이 바빠서 문화생활을
못 했지만 나중에 시간이 되면
가고 싶은 전시회나 공연 관련
전단지를 버리지 않고 모아두었고
영화 포스터를 벽이나 창마다
붙여놓았다.
집 안 곳곳에 꽃을 꽂아두었고
심지어 꽃이 그려진 음료수병 하나도
절대 버리지 못했다.
갖가지
향초를 종류별로
잔뜩 사 모으고
낮이든 밤이든
방 안에 초를
켜놓았다.
누울 공간도 부족할 정도로
커다란 인형과 여러 개의 쿠션이
침대 위를 장악한 상태였다.

는 사람이 많고 너의 삶은 충분히 빛난다고 말해줄 겁니다.

아무리 크고 폭신한 인형을 안고 자도 마음의 불안감을 바로잡지 못한다면 소용이 없고, 많은 초를 밝혀도 속내 깊은 곳의 어두움을 물리치지 못한다면 근본적인 해결이 아니라는 걸 지금은 압니다. 물건이 넘치지 않도록 조심하는 것은 단순히 정리정돈을 위해서만은 아닙니다. 공허감을 물건으로 잊으려 하던 습관에서 벗어나려면 충분한 자정의 시간이 필요하다고 느꼈기 때문입니다.

어쩌면 불행은 곰팡이와 비슷하다고 여겨집니다. 곰팡이가 생긴 벽지 위에 액자를 달아 가린다면 당장은 안 보이겠지만 더 빠르게 벽지로 퍼져나갑니다. 가리기보다는 정면으로 마주하는 것이 우선입니다. 그래서 이제는 용기를 내어 오랜 시간 동안 숱한 물건에 가려진 혹은 외면해온 마음속 얼룩을 드러내고 환기시키려 합니다.

물론 소유물이 적다고 불행도 무조건 작아지는 건 아닙니다. 아울러 물건이 많다고 반드시 정서적인 문제가 있다거나 나쁜 것도 아닙니다. 하지만 불행을 가리기 위해 물건을 조급하게 구매하고 그 물건에 지나치게 의존하는 패턴은 멈추고 싶습니다. 불행은 물건으로 절대 가릴 수 없기 때문입니다.

너무 많은 옷을 감당하지 못해 행거가 넘어지는 일이 다반사였다.

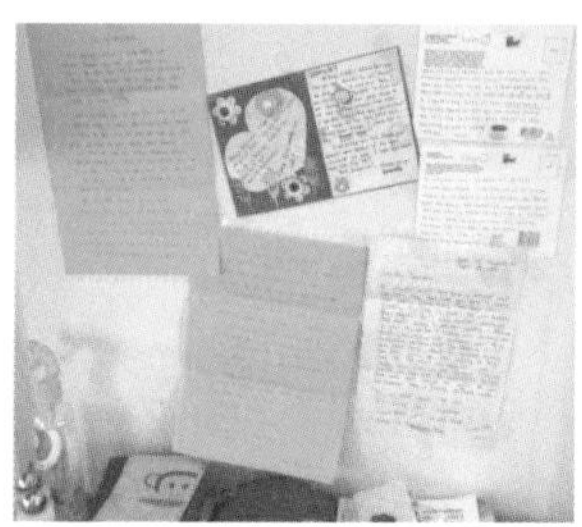

벽에 메모와 편지 등을 가득 채워 여백이 없도록 했었다.

침대 위엔 인형과 쿠션, 노트북 등 여러 물건들이 늘 올려져 있어 누울 자리가 없었다.

핑크색을 좋아한다는 이유로 핑크색으로 된 물건은 무턱대고 구매했었다.

향수도 모으고 틴트도 모으고 물건은 일단 다 모으는 것만이 최선이라 여겼다.

화장대는 늘 혼돈의 카오스였다.

참을 수 없는 내 허세의 가벼움

> 사람에겐 본래 자신이 소유한 것에 대해 인정받고 싶은 욕구가 있다. 게다가 오늘날 우리 사회는 사람들로 하여금 소유하는 것이 정상이고, 더 많이 소유할수록 더 중요한 사람으로 여기게끔 하는 데 일조한다.
>
> -도미니크 로로, 《심플한 정리법》 (문학테라피, 2013) -

도미니크 로로는 우리가 소유에 매달리는 데는 타인의 인정을 받고자 하는 욕구가 숨어 있다고 꼬집습니다. 나 역시 내 만족보다는 다른 사람의 관심을 얻으려고 소비를 하고 SNS를 통해 허세를 부린 적이 참 많았다는 사실을 고백합니다.

미니멀 라이프를 하면서 디지털 미니멀리즘을 실천해보기로 했습니다. 활동하지 않는 무수한 카페와 사이트들도 대거 정리했는데 그중엔 페이스북을 비롯해 여러 SNS도 포함됐습니다. 탈퇴 전 그동안 올렸던 사진들을 보면서 '참을 수 없이 가벼운 허세'가 얼마나 많았는지 새삼 느꼈습니다.

남자친구의 선물이라며 구하기 힘든 과자 사진을 올려 은근히 남자친구 자랑을 하는 것부터 시작해 카페에서 독서하는 모습을 올리며 정작 눈여겨봐 주길 바랐던 건 옆에 놓인 가방이거나 책장을 넘기는 내 손에 빛나는 액세서리였습니다.

여전히 핫플레이스에서 음식을 먹고, 쇼핑하는 건 즐거운 일이라 생각합니다. 다만 내가 진심으로 만족해서가 아니라 남들이 좋다고 하니 덩달아 유행을 좇고, 관심과 인정을 받는 데 지나치게 매달렸기에 이 사진을 보면 민망함에 얼굴이 화끈거립니다.

"어떤 물건이 우리의 소유이건 아니건, 얼마든지 자유롭게 사용할 수 있는 더없는 풍요 속에 살고 있다."

도미니크 로로는 먹을 것, 입을 것, 잠잘 곳, 친구들, 대자연과 햇빛, 이것만으로 우리 삶은 충분히 풍요롭다고 말합니다. 생각해보니 이전에도 지금도 다 가지고 있는 것들입니다. 단지 그때는 그게 행복인 줄 몰랐습니다. 자아가 연약했던 탓에 광고에 민감하게 반응하고 타인의 시선에 휘둘리곤 했습니다.

미니멀 라이프를 시작하면서 SNS를 일부 정리했던 이유는 '앞으로 SNS를 절대 하지 않을 테야!'라는 의도는 아니었습니다. SNS는 온라인을 매개체로 소통과 취향을 나누는 소중한 수단이라 생각합니다. 하지만 잠시 SNS를 통해 내가 채워가고 싶은 것이 무엇인지 생각해보는 자정의 시간이 필요한 시점이라고 생각했습니다.

다시 SNS를 시작한 이후에도 남편과 힘을 합쳐 대청소를 한 날의 우리 집, 근사한 식당에서 외식을 한 날의 행복한 순간 등을 올리곤 합니다. 남들에게 자랑하고 싶은 것이 생기면 SNS에 올리던 과거와 크게 달라진 것이 없어 보이지만 나 자신은 알고 있습니다.

과거에는 타인에게 어떻게 보일까가 기준이었다면, 지금은 내가 삶에서 간직하고 싶은 빛나는 순간이 출발점입니다. 시간이 흘러 SNS를 보면서 마치 추억의 앨범을 넘기듯 '우리 집 햇살이 오후에 정말 아름다웠었지' 혹은 '남편과 큰마음 먹고 갔던 여행이었지. 이때는 둘 다 얼굴이 그래도 풋풋했었네…' 하며 미소 짓고 싶답니다.

이불킥을 부르는 과거 SNS 허세

Instagram
STARBOCKS
#주말의 브런치.
(난 별다방 브런치 먹는 사람.)
Instagram
#프로포즈 받은 날. 너무 행복하다.
(블루 박스를 봐달라. 내 반지는 티파*다.)
Instagram
#카페에서의 여유로운 독서.
(탁자 위 가방을 봐달라. 멀버*다.)
Instagram
#유기농 마켓 데이트. 남친도 나도 함께 건강해지는 느낌!
(내 얼굴은 가지보다 작다?)
Instagram
#결혼식 시작 한 시간 전. 두근두근.
(난 별다방 커피 테이크아웃하는 차도녀 신부.)
#어색어색한 셀카. 부끄부끄.
(네일을 했다. 유행하는 핑크다.)

핑크 집착에 숨어 있던 결핍

미니멀 라이프를 위해 물건을 비우다 보면 유독 겹치는 물건이 많다는 걸 발견할 수 있습니다. 물론 개인의 취향이 반영된 자연스러운 결과일 수 있지만, 집착이 아닌가 싶을 정도로 과도한 물건들이 있습니다. 제 경우엔 핑크색 물건이 상당히 많았습니다. 과거에는 그저 남들보다 핑크를 좀 좋아한다고만 여겼습니다. 하지만 도미니크 로로 작가의《심플한 정리법》을 읽으며 '내 핑크 집착엔 어떤 결핍이 숨어 있는 건 아닐까?' 하는 생각이 들었습니다.

이 책에서 그는 물건을 저장하는 이면에 무의식중의 '결핍'이 있을 수 있다 말합니다. 가령 부모가 아이의 소유물을 허락 없이 버리면 그 상처로 아이에게 저장 욕구가 생긴다는 것입니다. 그러면서 책에 사례

하나를 소개하고 있는데 그 내용이 크게 와닿았습니다.

> "어렸을 때 우리 엄마는 제가 학교 간 사이에
> 장난감을 모두 팔아버리셨어요.
> 장난감을 가지고 놀기엔 제가 너무 컸다고 말씀하셨죠. 교과서도 모두 버렸고, 제 물건도 마음대로 버리셨어요. 제 어릴 적 추억의 물건은 아무것도 남아 있지 않아요.
> 요새 저는 뭐든지 다 수집해요. 제 컬렉션을 완성해줄 좋은 물건이 없을까 하는 기대로 저도 모르게 골동품 상점에 들어가게 돼요.
> 하지만 이렇게 탐욕스러운 욕구는 제 삶을 망치고 있어요.
> 저 좀 도와주실 분 안 계신가요?"
>
> \- 도미니크 로로, 《심플한 정리법》 (문학테라피, 2013) -

부모님은 미니멀리스트라 불려도 손색이 없을 정도로 정갈하게 살아온 분들입니다. 아울러 언제나 넘치는 사랑을 주시기에 부모님으로 인해 정서적 상처를 받았다는 건 상상조차 하지 못했습니다. 그런데 문득 세련된 부모님의 취향 때문에 어린 시절 여느 여자아이라면 한 번쯤 가져봤을 핑크색 아이템을 거의 갖지 못했다는 사실이 떠올랐습니다.

어릴 적 옷들은 흰색, 검은색, 아이보리색, 톤 다운된 보라색이 대부분입니다. 부모님께서 알록달록한 색과 현란한 무늬보다는 차분한 색과 단정한 디자인을 선호하셨기 때문입니다. 방 역시 아이 방치고는 너무 모던했던 탓에 친구 집에 놀러 갈 때면 동화 속 공주처럼 핑크색으로 꾸며진 친구의 방이 참 부러웠습니다. 어린 마음에 친구들처럼 핑크로 둘러싸여 살고 싶다는 희망사항이 늘 마음 한구석에 자리하고 있었습니다.

내가 핑크색 아이템을 고르면 부모님은 "이 색이 낫지 않니?" 하고 무채색을 추천해주셨기에 단념하고 말았습니다. 전혀 강요하신 것이 아님에도 소심한 어린아이였던 제게 핑크는 부모님이 꺼리시니 어쩔 수 없이 포기해야 하는 컬러로 무의식에 남았나 봅니다. 그래서 독립하자마자 억눌러왔던 핑크에 대한 열망이 폭발해 물건 구매로 이어진 것입니다.

노트북 파우치, 냄비, 쇼핑백, 담요, 액세서리 등 심지어 빨래집게까지도 핑크로 '깔맞춤'을 했습니다. 필요한 물건을 핑크로 선택하면 괜찮았겠지만, 구입하지 않아도 되는 물건도 단지 색상이 핑크라는 이유로 무분별하게 탐했던 것은 취향이라고만 여기기엔 분명 문제가 있는 행동이라 생각합니다.

얼마 전 컴퓨터 폴더 정리를 하다 우연히 발견한 사진 한 장에 눈물이 핑 돌았답니다. 사진 속에는 맛도 영양도 생각지 않고 패키지가 핑크란 이유로 마구잡이로 편의점에서 산 과자와 음료들이 담겨 있었습니다.

핑크색 제품을 모은 것이 신이 나서 인증 사진을 찍어둔 것이지요.

사진 속에서 나를 닮은 어린아이가 보입니다. 핑크 원피스를 만지작거리다 엄마 눈치가 보여 작은 손을 내려놓습니다. 핑크 벽지를 바른 친구 방을 부러운 눈망울로 두리번거립니다. 핑크 가방을 메고 싶었지만 아이보리를 골라야 칭찬받을 거라 여겨 체념합니다. 이제는 그 아이를 꼭 껴안아 주려 합니다.

"정말 착한 아이였구나. 지금은 스스로 선택하며 살 수 있는 어른이 되었어."

다행히 미니멀 라이프를 지향하면서 대책 없는 물욕에 브레이크가 걸렸고 핑크로의 폭주도 조금씩 진정이 되었습니다. 미니멀리스트를 지향하기 전후의 가장 큰 차이는 물건이 갖고 싶을 때 '내가 왜 이 물건을 소유하고 싶은 걸까?' 하고 질문을 던진다는 것입니다. 혹시 그 물건으로 대신 충족하려고 하는 내면의 결핍이 있는 것은 아닌지 스스로 점검해보게 되었습니다.

유년시절 핑크색을 사지 못했던 결핍은 지금 아무리 핑크색 물건을 산다 해도 근본적인 해결이 되지 않습니다. 그 시절의 나를 진심으로 위로하고 화해하는 것이 우선이라 여겨집니다. 앞으로도 나는 종종 핑크 아이템을 구매할 것입니다. 왜냐하면 핑크 자체는 참 고운 색이기 때문입니다. 하지만 이전처럼 제 안의 결핍은 외면한 채 무조건 저장하지는 않을 것입니다.

동네 단골 카페에 가서 핑크 레모네이드를 주문했습니다. 찬찬히 보고 있으니 얼음이 녹아가며 진한 핑크색이 투명하게 변해갑니다. 미니멀 라이프와 함께 내 안의 짙은 핑크 강박증도 그렇게 차츰차츰 옅어져가겠지요. 얼음을 한 번 더 빨대로 저어줍니다. 물결을 만들며 회전하는 핑크 레모네이드가 내 마음을 닮은 듯 생기로 가득 차 보입니다.

매일 같은 옷만 입고 다니는 남자

과거 제 이상형은 '옷 잘 입는 남자'였습니다. 대충 무심한 듯 걸쳐도 시크한 멋이라는 게 폭발하는 그런 느낌이랄까요? 정작 본인은 패션에 대해 소금 한 톨만큼도 모르면서 말입니다. 그러다 보니 과거 이성을 만나면 차림새만으로 첫인상을 판단하곤 했습니다. 그런 제가 지금의 남편과 결혼한 건 다시 생각해도 신기한 인연이라 여겨집니다. 남편은 '핫'한 유행 스타일을 섭렵하는 패셔니스타와는 너무나 거리가 멀기 때문입니다. 쉽게 비유하면 짱구 혹은 페이스북 창립자인 마크 저커버그처럼 매일 같은 디자인의 옷을 입고 다녔습니다.

연애 초반에는 '이 남자는 옷을 안 갈아입나?'라고 오해했답니다. 당시 차림새를 중시하던 전 "자긴 왜 요즘 유행하는 옷은 안 사?" 하며 자주 투덜거렸습니다. 친한 지인들에게 "외모도 내 이상형에 가깝고 행동도 젠틀한데 당최 옷을 갈아입지 않아" 하고 고민을 토로하기도 했을 정도랍니다. 오늘 입고 나온 회색 티는 어제도 엊그제도 착용했던 것이고, 오늘 입은 블랙 바지는 필시 내일도 내일모레도 입고 나올 게 분명하다는 확신이 들 정도로 남편은 똑같은 옷만 입고 나왔습니다.

그렇다고 옷에서 얼룩이 보이거나 냄새가 나는 것은 아니었습니다. '워낙 검소한 스타일이어서 단벌로 버티는 건가?' '데이트 유니폼이라도 있는 건가?' 별의별 추측을 했습니다. 나중에 알고 보니 남편은 장식이 없고 무채색인 옷을 선호해 마음에 드는 디자인을 발견하면 여러 벌을 사 입고 옷 관리도 꼼꼼하게 하는 깔끔한 남자였습니다.

반대로 당시 저는 '식후 30분' 처방전이라도 따르듯 계절이 바뀐 후, 월급을 탄 후, 기분이 우울해진 후, 기분이 좋아진 후, 다이어트 성공 후와 실패 후, 모든 '후'에 옷을 사곤 했습니다. 그런 제 눈에 몇 벌의 옷으로 하나의 스타일만 유지하는 남편이 참 이상했답니다. 그저 나와 삶의 방식이 다를 뿐인데 틀렸다고 여겼던 겁니다.

그런데 남편을 알아갈수록 차츰 그의 차림에서 그의 내면이 보이기 시작했습니다. 화보 같은 비주얼은 아니지만 잔디 위에 드러누워 햇빛을 즐기는 낭만적인 사람이었습니다. 이번 시즌 '신상' 구두는 없지만 농사를 지으시는 부모님을 위해 흙 묻은 장화를 기꺼이 신는 사람이었습니다. 영국 신사처럼 우산마저 멋지게 소화하는 남자는 아니지만 우산을 제 쪽으로 더 기울여 씌워주느라 한쪽 어깨가 젖는 자상한 남자였습니다. 항상 흐트러짐 없이 코디를 하는 남자는 아니지만 옷에 기름 냄새가 배어도 아랑곳하지 않고 장모님과 도란도란 이야기를 나누며 전을 부치는 다정한 사위였습니다. 아이와 완벽한 커플룩 스타일을 완성하진 못할 것 같지만 옷이 더러워지는 건 개의치 않고 몸으로 신나게 놀아주는 아빠가 될 것 같습니다.

필요한 만큼의 옷만 소유하는 수수함.

옷은 항상 깨끗하게 세탁하는 단정함.

타인의 차림새에 대해 평가하지 않는 예의.

그의 선한 인성이 옷차림에 보였습니다. 옷매무새로 인상을 판단했던 내가 이제나마 평범한 차림이라도 그 속에 귀한 인성이 내재되어 있다는 사실에 눈을 떠서 감사합니다.

지금은 장바구니를 든 남편의 뒷모습도 멋진 가방을 든 것처럼 근사해 보입니다. 사랑의 콩깍지인지 미니멀 라이프로 얻은 옷에 대한 건강한 관점인지는 조금 알쏭달쏭하지만 말입니다.

미니멀리스트에겐 너무 즐거운 결핍

정수기 점검을 하러 집에 매니저님이 방문하셨습니다. 거실 풍경을 보시더니 "아직 이사 다 들어오신 건 아니신가 보네요" 하십니다. 아파트 관리사무소 직원분도 집을 보고 비슷한 말씀을 하셨습니다. 거실이 지금처럼 아무것도 없는 상태로 유지된다면 앞으로도 비슷한 이야기를 종종 들을 것 같답니다.

그런데 그런 말을 들을 때면 기분이 참 좋습니다. 왜냐하면 제가 의도한 바였으니까요. 신혼집에 입주하기 전 미니멀 라이프에 관심을 가지게 되었고, 집이 지나치게 많은 물건으로 잠식되던 실수를 되풀이하고 싶지 않았습니다. 아직 짐이 다 안 들어온 것처럼 휑하게 보일지라도 여백이 많은 집을 원했답니다. 만약 거실의 여백이 자발적인 선택이 아니라 어쩔 수 없는 상황 때문이었다면 주변의 반응에 뜨끔하며 스트레스를 받았을 겁니다.

미니멀 라이프를 추구하면서 내가 컨트롤하기 어렵다고 여겨지는 것을 차근차근 줄여나갔습니다. 쓰지도 않고 쌓아두던 물건은 재순환되도록 중고물품 나눔이나 기부로 비우기 시작했습니다. 활동하지 않는 인터넷 카페도 탈퇴하고 광고 메일이나 문자도 되도록 수신되지 않도록 처리했습니다. 집착해서 챙겨 먹던 각종 영양제도 기본적인 몇 가지를 제외하고 대폭 줄였답니다. 아울러 스마트폰으로 인터넷에 접속하면 각종 뉴스에 빠져 시간 가는 줄 모르고 클릭하곤 했는데, 꼭 필요하다 싶은 분야만 남기고 노출이 되지 않게 정리했습니다.

자연스레 최신정보나 유행과는 멀어졌지만 남들이 날 어떻게 볼까 하는 타인의 시선에 대한 두려움은 줄었습니다. 이 모든 건 누구의 강요나 어쩔 수 없는 상황 때문에 생긴 '결핍'이 아닌 자발적인 선택이기 때문입니다.

지금은 여백이 많은 거실을 택했지만 나중에는 필요에 따라 푹신한 소파와 커다란 TV를 들여놓을 수도 있습니다. 거실을 물건으로 채우고 꾸미느냐, 텅 빈 여백으로 남겨두느냐 하는 외형적 변화보다 중요한 건 그 선택이 내 주관이나 신념을 따른 것인지 여부일 것입니다.

이전의 나라면 못난 과시욕으로 무리를 해서라도 집에 유행하는 물건들을 갖춰놓고 살았을지도 모릅니다. 거실에 여백을 남겨둔 데는 물건에 집착하고 과욕을 부리며 살았던 지난 삶의 방향에 변화가 일어나길 바라는 마음이 담겨 있습니다.

이삿짐이 다 안 들어온 거냐는 정수기 매니저님께 웃으며 답했습니다.

"이사 다 들어온 건데 우선은 거실 공간 넓게 쓰고 싶어서 일부러 가구를 많이 안 두었어요. 좀 휑해 보이시죠?"

내 대답에서 긍정적인 기운을 느끼셨는지 매니저님께서 "저도 사실은 이렇게 깨끗하게 살고 싶은데 부럽고 너무 보기 좋네요. 집 인테리어가 참 예뻐요"라고 사려 깊게 답해주십니다. 그렇게 좋게 봐주시니 감사한 마음이었답니다. 하지만 혹여 집이 너무 휑한 것 아니냐는 말을 들었어도 정말 괜찮았을 것 같습니다.

미니멀 라이프를 알게 된 것은 제 삶의 큰 행운입니다. '결핍'을 '자발적 선택'으로 생각 자체를 변하게 해주었고, 물건이든 인맥이든 직업이든 모든 선택의 기준이 '남'이 아니라 '나'로 바뀌었으니까요. 내가 만족하면 그걸로 괜찮다고 스스로를 격려하고 싶어졌습니다. 볼펜이 '고작 한 자루밖에 없다는 것'과 '한 자루만으로 이미 충분한 것'이 다르듯이 말입니다.

앞으로 살면서 수많은 결핍을 경험하게 될 것입니다. 다른 집 남편보다 내 남편이 부족한 게 많아 보일지도 모르고, 스스로가 너무 능력이 없어 보일지도 모릅니다. 다행스럽게도 미니멀리스트를 꿈꾸면서 마음이 조금은 단단해졌고 앞으로 결핍에 부딪힌다 해도 이전처럼 허둥지둥 채우려 하지 않을 것입니다.

부족하면 부족한 대로 반성하고 더 노력은 할지언정 그 결핍 자체에 허탈하게 무너지지는 않을 자신이 조금은 생겼습니다. 텅 빈 거실이 누가 볼까 부끄러운 것이 아니라 청소하기 편하고 바닥에 마음껏 드러누울 수 있어 행복한 것처럼 말입니다. 이렇게 앞으로도 혼자만 아는 행복의 비밀을 품듯 '나에겐 너무 즐거운 결핍'을 많이 만들고 싶습니다.

시시한 미니멀리스트 아내를 둔 남편의 일기 … 1

내 아내는 미니멀리스트에 관심이 많다. 미니멀 라이프 관련 서적을 탐독하더니 블로그까지 개설해 꾸준히 하고 있다. 나는 아내를 사랑하고 아낀다. 다만 가끔 아내의 미니멀 라이프에 당황스러울 때가 있어 이렇게 기록한다. 혹여 누군가 이 글을 발견한다 해도 절대 오해하지 말길 바란다. 아내에 대한 나의 사랑은 굳건하다. 그저 아주 조금 아내의 미니멀 라이프가 당황스러울 뿐이다.

미니멀 라이프 욕실 편

하루는 욕실에 들어갔는데 비누 거치대에 두부 한 모가 놓여 있는 게 아닌가! "자기야! 욕실에 두부가 있어!"라고 소리쳤더니 아내가 까르르 웃으며 눌러보라는 것이다. 그래서 살짝 손으로 눌러보니 아주 딱딱했다. 알고 보니 이건 두부가 아니라 아내가 손빨래를 하겠다며 사 온 무공해 비누란다. 미니멀 라이프로 환경에도 관심이 생겼다며 손빨래를 하겠다는 의도는 높이 살만하지만 무공해 비누가 어쩜 이리 두부와 흡사한지 욕실에 들어갈 때마다 흠칫 놀란다. 그런데 무공해 비누가 전혀 줄어들지 않는 것 같다. 손빨래를 하긴 하는 걸까 의구심이 들지만 나는 아내를 사랑하기에 그저 물에 잘 안 녹는 비누라고 믿고 싶다.

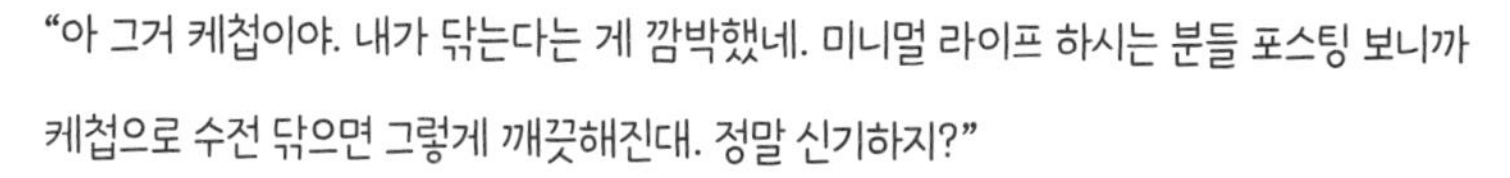

얼마 전에 더 놀라운 일도 있었다. 아침에 눈을 떠 욕실에 들어간 나는 비명을 질렀다. 세면대 수전이 피범벅이 되어 있는 게 아닌가. 비몽사몽이었던 나는 일순간에 잠이 달아나 아내를 급히 흔들어 깨웠다.

"우리 집 욕실 수전에 피가 있어!"

그런데 아내는 너무나 태연스러웠다.

"아 그거 케첩이야. 내가 닦는다는 게 깜박했네. 미니멀 라이프 하시는 분들 포스팅 보니까 케첩으로 수전 닦으면 그렇게 깨끗해진대. 정말 신기하지?"

그제야 문득 기억이 났다. 며칠 전 마트에 가서 아내가 웬일로 케첩을 집어 들고 곰곰이 생각에 잠겼던 것을. 나는 내심 오므라이스라도 해주려나 하고 기대를 했었다. 아니면 계란말이에 하트라도 그려주려나 하고 흐뭇한 마음으로 모르는 척 기다리기로 했다. 그런데 케첩의 용도가 이거였다니….

미니멀 라이프 부엌 편

아내는 심사숙고해서 식탁 위에 달 펜던트 조명을 골랐다. 조명을 설치할 때 아내는 펜던트 조명이 테이블과 가까우면 디자인이 더욱 돋보이고 음식도 맛있어 보인다고 했다. 그런데

길이가 너무 길어서 식탁에 앉으면 서로의 얼굴이 안 보였다.
물건보다 사람이 먼저이고, 디자인보다는 생활의 편리가 먼저라고 했는데… 혹시 아내가 밥 먹을 때 내 얼굴을 안 보고 싶은 건지….

다행히도 아내가 펜던트 길이를 줄였다. 이제는 밥을 먹을 때 서로의 얼굴을 볼 수 있어서 너무 행복하다. 식탁에서 서로 얼굴을 보는 게 얼마나 중요한 행복인지를 내게 깨닫게 해주려고 아내가 일부러 그랬었나 보다. 역시 아내는 대단하다.

요즘 아내가 해주는 음식은 카레의 연속이다. 나는 그저 아내가 처음 카레를 해주었을 때 너무 맛있다며 감탄했고, 아내가 카레를 좋아하냐고 해서 그렇다고 대답했을 뿐이었는데… 어디서부터 꼬인 건지 아내는 매일같이 카레만 만들고 있는 것이다. 말을 해줘야 하나 싶다가도 너무 해맑게 카레를 만들어주고 매번 반응을 기대하는 눈빛에 맛있다고 말하게 된다.

카레가 질렸다고 하면 상처받을 테니 “나 다른 것도 잘 먹어! 오므라이스도 잘 먹고 말이야”라고 말해야 할까 보다. 아니면 계속 케첩을 욕실 세면대에 뺏길 것 같다.

드디어 이런 나의 마음을 아내가 알아준 것 같다. 오늘 장을 볼 때 식용유를 사는 게 아닌가. 마침 비 오는 날이라 내가 좋아하는 김치전이라도 해주려는 것이리라. 비 오는 날엔 김치전이 제격이 아닌가. 역시 아내의 센스는 최고다.

그런데 그날 저녁도 카레다. 주물냄비 테두리에 녹이 생기는 것을 방지한다며 기름칠을 하고 있었다. “나 다른 것도 잘 먹어! 김치전도 잘 먹고 말이야”라고 말해야 할까 보다. 아니면 기름을 계속 주물냄비에 뺏길 것 같다.

냉장고를 열어보니 물건들 상표가 다 사라졌다. “자기야, 짠! 이렇게 상표 다 떼니까 냉장고 내부가 완전 미니멀 스타일이 되지 않았어? 보기 좋지? 그치?” 하는 천진한 아내에게 나는 그저 웃을 수밖에 없었다. ‘그래… 상표 따위야’라고 생각했다.

그런데 우유의 유통기한이 언제인지 아내에게 물어봤더니 기억이 안 난다고 한다. 설마 이미 지난 건 아닐까? 미니멀리즘도 좋지만 유통기한이 지났을 수도 있는 우유는 신경이 쓰인다. 아내에게 앞으로는 상표를 떼지 말라고 하려다 혹여 상처받을까 봐 빨리 마시는 편을 택하기로 하고 시리얼을 사 왔다. 한편으로는 카레 대신 시리얼을 먹을 수 있으니 신나는 마음이었다. 그런데 아내가 시리얼은 본인이 먹겠다고 한다. 나를 위해 카레를 많이 해놨다면서. 그래서 나는 또 카레를 먹었다. 카레가 그렇게 몸에 좋다던데 내 건강을 위해 이렇게도 정성스럽게 카레를 해주는 아내의 노고에 감동일 뿐이다.

케첩과 기름이 수전과 냄비에 다 쓰이기 전에 카레 말고 김치전과 오므라이스도 잘 먹을 수 있다고 너무너무 좋아한다는 말을 꼭 할까 싶다. 그런데 서랍을 열어보았더니 카레가 가득 들어 있다….

내가 너무너무 카레를 맛있게 잘 먹어서 나를 위해 사놓은 거라고 웃으며 말한다. 나는 이렇게 카레 준비성이 완벽하고 나를 챙겨주는 아내가 사랑스럽다… 어쩜 이렇게 사랑스러울까!

PART 2 | 느낌표 가득한 미니멀리스트의 일상

오!
나의 미니멀
라이프!

우리의 신혼집 이야기

"아가씨 혼자 산다 해 짐이 얼마 없을 줄 알았는데 지금 인원으로는 어림없겠어요. 트럭도 최소 한 대는 더 불러야겠어요."

이사를 할 때마다 제가 흔히 듣던 말이었습니다. 물건이 점점 많아지니 넓은 공간으로 이사를 감행해야 했고 짐이 많아 이사할 때마다 추가 비용을 내야 했습니다. 물건을 줄이면 될 것을 수납 요령만 연구를 하며 어떻게 턱없이 비좁은 공간에 이 물건과 함께 살아갈지 고민하곤 했습니다. 늘어나는 짐을 감당하기 위해 더 큰 공간만 욕심냈답니다.

월급쟁이 회사원이다 보니 버는 돈은 쇼핑과 월세로 대부분 소진되었습니다. 물건을 사느라 돈을 쓰고, 물건을 모셔둘 공간을 위해 또 돈이 필요한 시절이었습니다. 그 시절의 나는 소유의 기쁨과 집이 주는 즐거움을 누린 것이 아니라 습관적 소비에 빠져 도돌이표 같은 패턴을 반복하고 있었습니다. 내 고질적인 습관을 잘 알기에 신혼집을 결정할 때 다짐한 부분이 있습니다. 물건이 아닌 사람에 맞춰 집을 고르자는 것입니다.

유행 이전에 우리의 취향에 맞춘 집.
소유 이전에 우리의 여건에 맞는 집.
미래의 투자 가치 이전에 현재 우리의 상황에 맞는 집.

그런 생각을 하니 무리한 대출을 안고서라도 신혼집을 넓은 평수로 구하고 싶다는 과욕이 차분하게 가라앉았습니다. 아울러 집을 무엇으로 채우고 꾸밀지에 앞서 우리가 꿈꾸는 집이 무엇인지 남편과 고심했습니다. 우리는 집이 진정한 '쉼'이 되길 원했기에 가능한 짐을 늘리지 않기로 했습니다. TV와 소파가 없는 거실은 대자로 누워 편히 쉴 수 있는 마룻바닥이 되어주고, 아무것도 두지 않은 방 하나는 무엇이든 될 수 있는 열린 가능성으로 남았습니다.

인테리어 공사를 할 때도 미니멀 라이프를 잘해나갈 수 있는 훌륭한 틀이 되어줄 공간을 염두에 두었습니다. 우리의 신혼집 인테리어 콘셉트에 굳이 이름을 붙인다면 미니멀리즘 인테리어라고 부를 수 있을 것입니다. 몰딩이 외부로 드러나지 않는 마이너스 몰딩 기법으로 거실을 공사했고 눈에 거슬리는 코드나 전선도 되도록 감췄습니다. 컬러 역시 흰색으로 통일하고 벽에는 액자나 별다른 장식을 걸지 않았습니다. 공사를 하면서 꼭 필요한 수납장만 공간 사이즈에 맞게 만들었습니다.

'미니멀리즘 인테리어'로 집을 꾸미는 것과 미니멀 라이프를 추구하며 사는 것은 엄연히 다릅니다. 인테리어 콘셉트로서의 '미니멀'과 삶에서 추구하는 '미니멀'은 이성과 감성처럼 각기 다른 영역에 있을 테니까요. 하지만 깔끔하게 정돈된 집의 선과 면을 매일 바라보는 것만으로 만족감을 느끼고 이런 단정함을 유지하고 싶다는 생각에 자연스레 몸을 움직여 청소하게 됩니다.

사고 싶은 물건이 생겨도 집의 수납공간을 떠올리다 보면 마음이 차분해지며 정말 내게 필요한 물건인지 다시 생각하게 됩니다. 미니멀리즘 인테리어가 느슨해진 마음에 동기 부여가 되어 미니멀 라이프를 실천하는 데 도움을 주는 느낌이랄까요.

앞으로 짐이 더 늘어날 수도 혹은 줄어들 수도 있고 이사를 해야 할 수도 있을 겁니다(인생은 뭐든 장담하긴 어려운 법이니까요). 하지만 추후 이사를 한다 해도 엄청난 짐 앞에서 이사업체 사장님의 난처한 하소연을 들을 일은 없을 거라는 확신이 생깁니다. 그것만으로도 우리의 신혼집은 충분히 만족스럽습니다.

비어 있으면서 가득한 집

집을 꾸밀 때 '채움'보다는 '여백'을 더 생각했습니다. 컬러가 주는 화려함보다는 화이트가 주는 단정함을 택했습니다. 신혼집에 입주하고 생활한 지 1년이 흐른 지금도 가구와 짐이 많이 늘지 않아서 언뜻 집의 대부분이 비어 있는 듯 보입니다. 하지만 하루에도 몇 번씩 비어 있지만 가득한 순간이 찾아옵니다.

하루의 해가 저물기 전에 나무 십자가의 그림자가 드리울 때면 마음이 차분해집니다. 오늘의 태양은 마지막까지 이토록 자기 몫을 온전히 완수하고 가는데 나의 오늘은 어떠했는지 되돌아보게 됩니다.

신혼집에 TV가 없어서 그런지 조용한 상태로 지내는 경우가 많습니다. 그러다 보니 비라도 내리면 그 소리에 집중하게 됩니다. 빗소리

에도 나름의 리듬감이 있다는 것을 느낍니다. 자연이 만들어내는 음악인 것입니다. 창문에 빗줄기가 흘러내리는 모습도 여느 예술작품 못지않게 매력적이라 감탄하게 됩니다. 작은 캔들 하나만 켜도 풍성한 향기가 공간을 가득 채웁니다. 물건이 많지 않으면 향기도 금세 공간을 채우는 것 같습니다.

화이트를 기본 틀로 인테리어 했더니 집이 하얀 도화지처럼 느껴집니다. 하얀 물건은 벽지와 자연스럽게 어우러져 튀지 않는 평안함을 줍니다. 색상으로 포인트가 되어주는 소품은 없지만 어느 것 하나 요란하게 존재감을 뽐내려 애쓰지 않으니 편안하고 단정한 기운이 느껴집니다.

그렇다고 무채색에만 집착하지는 않습니다. 집에 조금만 색이 있는 존재가 들어와도 단박에 싱그러워집니다. 생생한 색감의 식재료를 집에 놓고 바라보기만 해도 힐링이 되는 기분이라 그런지 자꾸만 컬러풀한 식재료에 손이 갑니다. 여름엔 수박을 자주 먹는데 수박의 빨간빛이 이토록 선명했었나 새삼 느낍니다. 과거에 초록색 가방, 노란색 옷, 빨간색 립스틱 등 물건으로 컬러에 대한 열망을 해소했던 때와는 좀 달라졌습니다. 초록색 브로콜리, 노랗고 빨간 파프리카를 손질하면서 마음도 즐거워집니다.

강석경 소설가는 경주를 두고 "비어 있으면서 가득한 곳"이라 찬사를 표했습니다. 너무나도 멋진 표현입니다. 이 집에 들어오며 이 공간에서 이루고자 했던 첫 번째 바람이기도 합니다.

물건이 비어 있기에 햇살이 가득합니다.

빗소리가 가득 찹니다.

향기가 구석구석 퍼져나갑니다.

물건들은 도드라짐 없이 조화롭습니다.

수박 한 조각뿐이라도 풍성한 컬러감으로 공간을 밝힙니다.

이렇게 오늘도 우리 집이 비어 있으면서 가득한 곳이라 느낄 수 있어 감사로 내 마음이 충만합니다. 아무쪼록 앞으로도 '비어 있으면서 가득한 집'이 되길 소망합니다. 또한 스쳐 지나갈지언정 이 집을 잠시나마 채워주는 존재들을 소중히 여기고 싶습니다.

수납장이라 쓰고
잡동사니 보관함이라 읽기

과거에 구입한 물건 중 가장 쓸모없는 것으로 수납장을 꼽습니다. 옷장, 서랍장 같은 수납 가구부터 이동식 수납 바구니, 접이식 수납용품, 데드 스페이스를 살려줄 협탁, 천장이나 침대 밑에 딱 맞춰 들어가는 수납박스 등 '수납'이란 단어가 들어간 각양각색의 물건을 구입했습니다. 그토록 수납장을 산 이유는 정리정돈을 못 하는 나를 도와줄 든든한 구세주라 여겼기 때문입니다.

일단은 수납장 안에 어떻게든 넣어서 외관상 보이지 않게 하면 괜찮다고 생각했습니다. 그러다 보니 '새로운 물건을 산다 - 둘 공간이 없다 - 수납장을 산다 - 수납할 공간이 늘어나 다른 물건을 산다 - 짐은 늘어나고 집의 공간은 사라진다'의 악순환이 되풀이되었답니다.

정리정돈에 취약한 사람에게 수납장은 아주 위험한 존재가 되기도 합니다. 수납장 안에 물건을 가득 채우고 나면 그 안에 무엇이 있는지조차 알 수 없게 되고, 정작 필요할 때 그 물건을 찾지 못하는 일이 허다하기 때문입니다. 또 수납장이 집 안의 공간을 잠식하니 넘치는 물건과 다를 바 없습니다.

본격적으로 미니멀 라이프를 하면서 정리정돈에 방해가 될 정도로 넘치는 물건은 비워야 한다는 것을 절실히 깨달았습니다. 잡동사니로 꽉 찬 수납장은 좀 심하게 말해 쓰레기통이나 다름없습니다. 쓰지도 않는 잡동사니를 그저 숨기기 급급한 용도로 쓰인다면 수납장은 또 다른 '짐'에 불과합니다.

물건을 비우면서 필요 없어진 수납장들도 모두 처분하였고 최소한의 수납장만 남겼습니다. 지금은 수납장에 넘치는 물건이 생기면 꼭 필요한 물건만 있는지를 검토합니다. 우연히 마음에 드는 물건을 발견해도 '집에 수납할 여유 공간이 있던가?'를 찬찬히 떠올리다 보면 마음이 가라앉고 충동구매를 막을 수 있습니다.

더 이상은 '수납장'이라 쓰고 '잡동사니 보관함'이라 읽기 싫습니다. 이제는 수납장에 생활에 꼭 필요한 물건을 소중하게 수납하고 싶답니다. 내게 너무 위험한 존재였던 수납장이 미니멀 라이프라는 환상의 짝꿍을 만나 본연의 매력을 맘껏 발휘하게 되었습니다.

현관 벤치 수납장의 변신

미니멀 라이프를 하다 보면
멀티로 활용이 가능한 물건이 참 고맙다.
벤치 수납장을 현관에 두어 신발장을 겸해서 사용하고 있다.
신발을 신을 때 앉아서 신을 수도 있어서 편리하다.

차 한잔을 하며
책을 읽기에 적당한 높이라
좌식 테이블로도 활용한다.

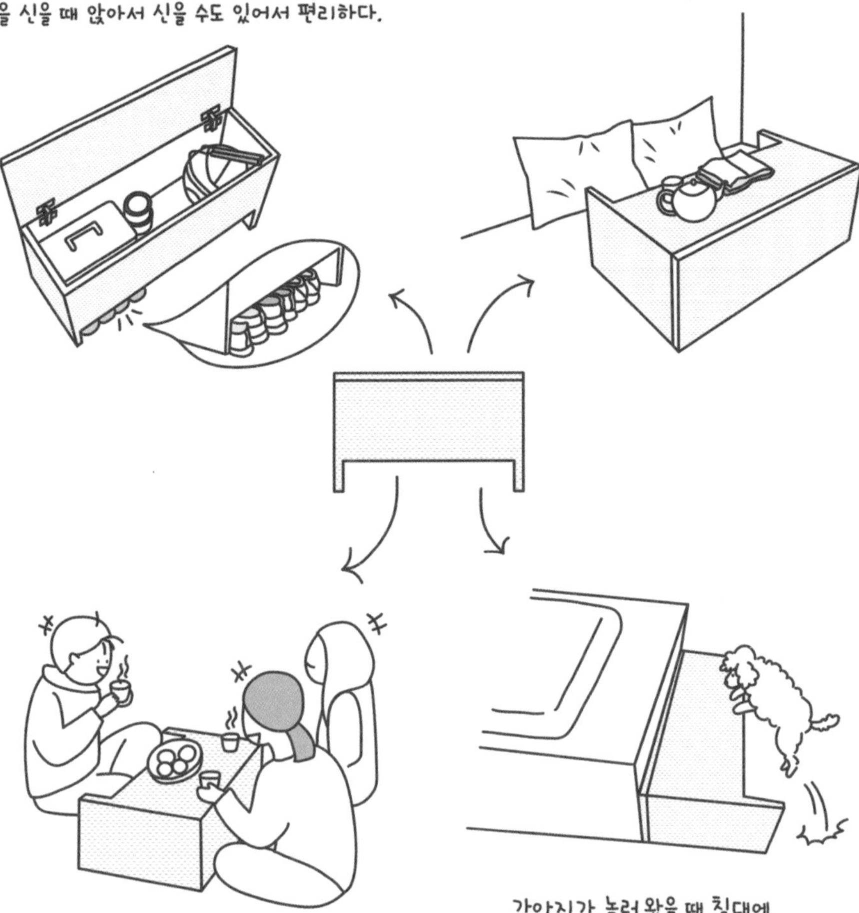

손님이 왔을 때는 간단한 식사나
차를 즐길 수 있는 다도상으로 변신한다.

강아지가 놀러 왔을 때 침대에
올라가고 싶어 하는데 높이가 너무 높다.
마침 수납장 높이가 적당해
침대계단으로 굿!

최고의 인테리어는
청소

예전에는 물 자국이 수시로 생기는 수전과 금세 먼지가 쌓일 바닥을 매일 고생스럽게 쓸고 닦는 것을 이해하지 못했습니다. 그때는 청소를 '매우 하기 싫고 귀찮은 것'으로만 여겼습니다. 그동안 먹고 자고 생활하는 공간을 참 무심하게 등한시하며 살아왔습니다. 민망하지만 내 공간은 스스로 청소하는 것이 너무나 당연한 삶의 자세임을 뒤늦게 깨달았습니다.

지금도 여전히 게으른 사람임에도 미니멀 라이프로 물건을 줄이다 보니 집 청소가 이전과 비교가 안 될 정도로 간편해지고 성취욕이 높아졌습니다. 아울러 청소에 대한 나름의 작은 철학도 생깁니다.

인테리어 스타일은 다양합니다. 건축 기법도 무궁무진하답니다. 하지만 정갈하게 청소를 마친 집은 스타일을 떠나 아름답습니다. 완벽한 건축물의 근사한 인테리어를 갖춘 집이라 해도 지저분한 공간에서는 아름다움을 느끼기 어려울 것입니다. 집을 무엇으로 장식하느냐에 대한 대답은 여러 가지가 있겠지만 그 시작은 모두 같다고 생각합니다. 바로 청소입니다.

남편과 느긋하게 보내는 주말엔 함께 집 청소를 합니다. 침구 먼지를 털고 햇볕에 살균시킵니다. 의자를 테이블에 올려놓고 본격적으로 청소를 시작합니다. 청소기로 먼지를 흡수하고 물걸레질을 합니다. 문도 닦고 살짝 벗겨진 발코니 천장 페인트칠도 해줍니다.

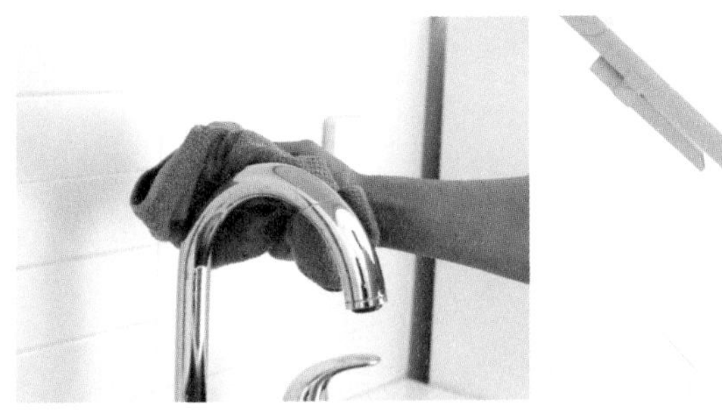

청소를 할 때면 몸은 조금 힘들지 몰라도 마음이 편안하게 회복되는 것을 느낍니다. 아울러 우리가 무리 없이 직접 청소할 수 있는 평수의 집을 가졌다는 것에 만족합니다. 넓고 화려한 다른 집을 보면 감탄을 할지언정 욕심으로 우울하진 않습니다. 우리가 행복을 느끼는 기준

이 크기나 양, 화려함에 있지 않기 때문입니다. 부담 없이 즐겁게 관리할 수 있는 공간으로 충분합니다.

집 청소를 마치고 남편과 함께 마시는 아이스 아메리카노 한 잔이 그 어느 때보다 청량하게 느껴집니다. 얼음이 가득 찬 음료를 보며 생각합니다. 얼음은 언젠가는 녹을 테지만 얼음으로 인해 음료는 시원합니다. 청소도 마찬가지 아닐까 싶습니다. 또다시 먼지가 쌓이고 얼룩이 생길 건 분명하지만 청소하는 습관으로 집은 상쾌해질 것입니다. 최고의 인테리어는 청소라 생각합니다. 거기에 덧붙여봅니다. 청소를 도와주는 최고의 수단은 미니멀 라이프라고 말입니다.

거실로의
작은 이사

다른 날보다 더 정성스럽게 거실을 청소합니다. 왜냐하면 오늘 거실로 '작은 이사'를 하기 때문입니다. '작은 이사'는 방에 있던 침대와 책상을 거실로 옮기는 거랍니다.

입주 당시 안방에 침대와 책상을 놓았습니다. 겨울이 되자 안방 창가 주변이 낮엔 햇볕으로 따뜻하고, 밤엔 쌀쌀해져서 거기에 맞추어 침대를 벽 쪽으로 책상은 창가 쪽으로 옮겼습니다. 그러다 봄이 되면서 문득 안방의 침대와 책상을 거실로 옮겨 원룸처럼 생활하면 어떨까 싶었습니다.

남편과 원룸에서 잠시 생활할 때 머물던 방 사진을 보며 추억에 잠겼던 것이 그런 생각을 하는 데 한몫 했답니다. 크지 않은 공간 때문에 여러모로 불편했지만, 그곳에서 추억을 많이 만들었습니다. 빨래 건조대 둘 공간조차 부족해 남편이 노끈으로 방에 빨랫줄을 만들어주기도 했었답니다. 남편에게 그런 기억들이 떠오른다고 말해주자 거실을 원룸처럼 만들어 생활해보자고 합니다.

그렇게 거실로의 작은 이사가 시작되었습니다. 이불을 바닥에 깔아 침대를 조심스럽게 옮기고 책상까지 거실로 이동시켰습니다. 정돈을 마치고 변화된 모습을 보니 우리 집이지만 새롭고 신선한 풍경입니다. 책상도 주방에 놓으니 근사한 식탁 같은 느낌이 물씬 납니다. 흰색이 대부분이던 주방에 나무 가구들이 들어서니 전과는 다른 산뜻함이 느껴집니다. 텅 빈 안방도 구석구석 쓸고 닦은 뒤 주방에 있던 원형 테이블을 이곳으로 옮겼습니다. 테이블 위에 남편의 컴퓨터를 두니 남편만의 작업 공간이 생겼습니다.

미니멀 라이프를 마음에 두면서 동경하던 것이 있었습니다. 집 안 이곳저곳 가구를 손쉽게 이동시키며 여행하듯 사는 거랍니다. 공간을 자유롭게 활용하는 미니멀리스트들을 보면서 감탄해 마지않았는데 로망을 하나 이룬 것 같아 마음이 흐뭇합니다. 거실로 작은 이사를 마친 뒤 텅 빈 안방의 모습을 한동안 바라봤습니다. 가끔은 이렇게 공간을 완전히 비워 공기를 순환시켜주고 햇볕으로 살균시켜주면 한결 집이 건강하게 거듭난다는 생각이 듭니다.

집에 머무는 시간이 많은 주부이다 보니 집에 소소한 변화를 주는 일이 즐겁습니다. 예전에는 변화를 주기 위해 새로운 물건을 들였다면 지금은 계절의 변화나 기분에 따라 가지고 있는 것을 새롭게 재배치하는 것으로 만족합니다. 그것만으로 단조로운 생활에 설렘을 주고 우리 부부가 함께 가꾼 공간의 소중함을 되새기게 됩니다.

집 안에 가구가 많을 때는 책상을 살짝 옮겨보려 해도 여유 공간이 없을 뿐만 아니라 책상에 가득한 물건들부터 치워야 해서 엄두가 나지 않았는데 지금은 어디든 가뿐하게 이동시킬 수 있습니다. 짐이 가벼우면 어디든 가볍게 떠날 수 있는 자유로움이 있습니다. 미니멀 라이프는 집의 어느 공간으로든 작은 이사가 가능한 자유를 선물했습니다.

우리는 오늘 거실로의 작은 이사를 했답니다.

앞으로 거실에서 지낼 생활에 대한 기대감으로 설렙니다.

마치 여행지의 새로운 숙소에

금방 도착한 것 같은 기분입니다.

소중한 것에 집중하는 공간

미니멀 라이프와 미니멀 인테리어는 서로 밀접한 관계가 있다는 생각을 합니다. 신혼집 공사를 하면서 미니멀 인테리어를 콘셉트로 잡은 것은 보기에도 좋고 청소하기 편하다는 장점도 있지만 새로운 생활을 할 수 있지 않을까 하는 기대감 때문이었습니다.

《나는 단순하게 살기로 했다》에서 사사키 후미오는 미니멀리스트란 '자신에게 정말 필요한 것이 무엇인지 아는 사람, 소중한 것을 위해 줄이는 사람'이라고 말합니다. 미니멀 라이프를 통해 많은 것을 의도적으로 줄이다 보면 정말 내가 하고 싶었던 것이 무엇인지 인식하게 되듯 공간을 통해서도 변화가 찾아오길 소망했습니다. 이전에 집은 그저 잠만 자는 공간이었다면 신혼집은 내 삶에 정말 필요한 것이 무엇인지 알게 되고, 소중한 것에 시간을 쏟는 공간이 되기를 바랐습니다.

신혼집에 입주한 지 일 년이 되면서 그 바람이 이루어지지 않았나 느낀 일이 있었습니다. 주기적으로 가구를 재배치하면서 지내고 있는데 한동안은 안방에 있던 침대와 책상을 거실로 옮겨 원룸처럼 생활했답니다. 동선이 짧아져 편하기도 하고, 침대에 누우면 안방보다 넓은 창으로 하늘을 보는 낭만도 만끽할 수 있어 좋았습니다.

가구를 모두 거실로 옮겨 안방은 '아무것도 없는 방'이 되었습니다. 가끔 손님이 오면 테이블을 안방으로 옮겨 다이닝룸처럼 활용하기도 했지만 대부분 그냥 비워두었습니다. 그러던 어느 날 안방에 들어서면 다른 곳과는 다른 편안함과 집중력이 생기는 것을 느꼈습니다.

주변에 물건이 있으면 책을 읽으려다가도 '책상 위에 다 먹은 컵 정리해야 하는데' '싱크대에 얼룩이 많이 생겼네' '냉장고에 뭐 먹을 거 있나?' 하는 식으로 잡념이 꼬리에 꼬리를 물어 집중을 못 하고 하루를 보내기도 합니다. 하지만 안방은 아무런 물건이 없다 보니 같은 집인데도 공기는 더 고요하고, 시간도 차분하게 흐르는 것 같았습니다. 안방에서 책을 읽으면 신기하리만큼 자연스럽게 몰입이 되었습니다.

'의도적으로 다른 것을 덜어내 소중한 것에 집중하는 게 이런 것인가?' 하는 생각을 했습니다. 책 읽고 글 쓰는 걸 가장 좋아한다고 말은 하면서 막상 책을 잡고 나면 잡념이 지나치게 많아 몰입이 어려운 경우가 많았기에 소중한 체험이었습니다.

안방은 걸리적거리는 물건이 없으니 가벼운 마음으로 바닥 전체를 물걸레로 슥슥 닦고 이불과 베개를 깔아줍니다. 청소가 막 끝난 공간의 공기는 더 투명하고, 햇볕도 더 반짝이는 느낌입니다. 안방 청소를 마친 뒤 찻주전자를 준비하고 설레는 마음으로 차를 고릅니다. 오늘은 레몬티에 마음이 갑니다. 비록 혼자 가지는 티타임이지만 정성껏 준비합니다. 와이파이 공유기는 잠시 '오프모드'로 해두고 책 한 권을 가지고 가 자리를 잡습니다.

이미 본 책이지만 안방에서 다시 읽으니 그 글이 새삼 더 농밀하게 다가옵니다. 많은 다과가 준비된 것은 아니지만 단 하나의 차라서 아끼며 음미합니다. 이 방에 유일한 장식이 있다면 하얀 벽에 만들어지는 그림자입니다. 그림자의 달라지는 크기를 보면서 시간의 흐름을 짐작합니다. 안방을 비운 뒤 안방에서 보내는 시간이 더 특별해진 느낌입니다.

너무나 많은 것이 주변에 있으면 마음이 동요되는 부족한 사람인지라 집 안 공간을 심플하게 만드니 물건에만 향했던 시선이 내면을 바라보게 되는 것 같습니다. 따뜻한 차 한잔 마시면서 조용히 책을 읽는 것. 그것이 내가 진정으로 원하는 일이라는 걸 알았습니다.

너무나 작고 평범한 바람인데도 그동안 다른 것에 에너지를 소모하

느라 미처 하지 못했던 일들을 이 집에서 시작할 수 있었습니다. 내가 진짜 하고 싶은 일은 '아무것도 없는 작은 방 하나'만 있으면 충분했습니다.

미니멀 라이프의 실사 공간인 미니멀 인테리어는 놀라운 에너지를 가지고 있습니다. 마치 아무것도 없지만 그 어느 공간보다 많은 가능성을 품었던 그날의 우리 집 안방처럼 말입니다.

소유물보다
생활하는 모습

마스다 미리 작가의 《결혼하지 않아도 괜찮을까?》(이봄, 2012)에서 주인공 수짱은 혼자 다림질을 하다 문득 그 모습을 누군가에게 보여주고 싶다고 생각합니다. 스스로가 성실하게 살고 있다는 뿌듯한 기분 때문이지요. 그 이야기를 읽으며 고개가 끄덕여졌답니다. 저도 수짱처럼 밀대걸레로 혼자 집 청소를 하다가 입꼬리가 슬쩍 올라가는 날이 있거든요. '나 잘 살고 있는 것 같아! 꽤 성실하게 말이야'라고 생각하면서 말이죠.

가끔은 홀로 집 안 청소를 할 때 수짱처럼 스스로에게 대견한 마음이 든답니다. 진심을 다해 집안일에 몰두하는 모습을 남들에게 보여주고 싶다는 엉뚱한 바람을 가진다는 건 어쩌면 지금 삶을 살아가고 있는 태도에 대한 충만감 때문이 아닐까 싶습니다. 자신의 소유물보단 삶을 성실하게 대하는 태도를 정말 자랑스러운 가치로 여기는 것이겠지요.

과거에는 남들에게 '이런 걸 가지고 있어요' 혹은 '이 정도의 위치에 있어요'또는 '이런 유명한 사람들과 화려한 인맥을 지니고 있어요' 같은 과시욕에 사로잡혀 살아왔습니다. 여전히 이런 소유나 성취를 은근슬쩍 자랑하고 싶어지는 철없는 사람이지만 그보다 자신만의 리듬을 가지고 성실한 자세로 일상을 꾸려나가는 것에 더 큰 자긍심을 느끼게 되었습니다. 더 거창한 소유물, 더 화려한 겉모습, 더 드라마틱한 인생역전 같은 표면적인 과시욕구만 지니고 있었던 내가 소소하기 그지없는 일상을 아끼며 소중히 대하게 된 것은 대단한 변화입니다.

수짱이 인정받고 싶은 건 본인이 들고 있는 다리미의 브랜드가 아니라 성실하게 다림질을 하면서 일상을 유지하는 자세이듯 저 또한 '소유물보단 생활하는 모습'에 자긍심을 느끼며 살고 싶습니다. 내가 꿈꾸는 미니멀리스트로서의 삶은 자기 자신의 일상을 아끼면서 담백하게 사는 것이기 때문입니다.

마루를 밀대걸레로 쓱쓱 닦고, 먹고 난 식기는 바로 설거지하고, 햇살이 쨍하게 집 안에 비칠 때면 침구류를 쫙 펼쳐 일광욕을 시키고, 밥을 먹고 나면 창문을 활짝 열어 환기를 시키고, 빌린 책은 반납기한을 넘기지 않도록 도서관으로 향하는 매일 비슷하고 조금은 지루할 수도 있는 제 일상이 꽤 마음에 듭니다.

왜냐하면 그 모든 일상의 조각들이 차곡차곡 쌓여서 훗날 저란 사람이 어떤 태도로 살아왔는지를 조용하지만 정직하게 말해줄 거라 믿기 때문입니다. 아무쪼록 앞으로도 '가지고 있는 모습'보다는 '생활하는 모습'에 초점을 맞추면서 살아가고 싶습니다. 가지고 있는 건 언젠가는 소멸하지만 충실하게 삶에 임하는 자세는 시간이 흐를수록 더 단단해지고 빛날 테니까요.

미니멀 라이프의 선물

요리 실력이 부족한 저에게 카레는 고마운 존재입니다.
냉장고 속 어설프게 남은 채소와 고기로 카레를 만들면서
"버릴게 하나도 없네."하며 감탄합니다. 제 미니멀 라이프도
버릴게 하나 없는 카레를 닮았으면 좋겠습니다.

늘 하고 싶었으나 이런저런 핑계와 바쁘다는
변명으로 미루기만 했던 일이 바로 글쓰기입니다.
그렇기에 글쓰기에 집중하고 있을 때 문득
이런 생각에 뿌듯합니다. '나, 미니멀 라이프를 제대로
잘 하고 있는 것 같아.'

살림살이가 가뿐해지면서 청소에 대한 부담도
줄었습니다. 걸리적거리는 물건이 없으니
신나게 청소기로 쓱쓱 밀면 된답니다.

우리만의 이유로 행복해지는 살림

어느 책에서인가 '자신만의 이유로 행복해지는 어른'이란 문장을 본 기억이 납니다. '미니멀 라이프의 살림이란 이런 모습이어야 해!' 하는 비장한 각오로 살림에 임하다 보면 자칫 마음의 여유를 잃기 마련이고 살림이 숙제처럼 느껴질 것 같습니다. 그보다는 '우리 부부만의 이유로 행복해지는 살림'을 하나씩 찾아가고 있답니다.

미니멀 라이프를 시작하면서 외부로 물건이 드러나지 않게 하는 내부수납이 제게 좋은 영향을 준다는 것을 알았습니다. 저란 사람은 바닥에 물건 하나만 놓아도 그 물건을 기점으로 순식간에 여러 물건이 늘어나게 됩니다. 처음에는 '이거 하나쯤이야 괜찮겠지' 하는 안일함이 순식간에 불러오는 난장판을 경계하기 위해 여지를 두지 않고 엄격한 내부수납을 원칙으로 삼았답니다.

점차 내부수납이 습관화되니 외부로 노출되는 물건이 좀 생겨도 스스로 균형을 잡아갈 수 있는 수납력이 생기는 것 같았습니다. 완벽한 내부수납은 그것 자체가 하나의 부담이 될 수 있으므로, 70-80%는 내부에 수납해 관리한다는 수납범위를 정했습니다.

전에는 손님이 오면 당장 눈에 안 보이게 하는 데 급급해 내부에 몽땅 넣어버리는 일명 '타조식 정리정돈'만 했었는데, 지금은 남들에겐 잘 보이지 않는 장소인 서랍 안, 냉장고 안, 선반장 안처럼 내부 정리정돈에도 마음을 쓰는 여유가 생겼습니다. 냉장고 문을 열었을 때, 서랍

을 열었을 때, 가지런히 놓인 물건들을 보면 마음이 평온해집니다. 혼자만 아는 작은 기쁨이랄까요.

느슨해질 때도 있지만 스스로가 정해놓은 마지노선은 지키는 것. 물건이 밖으로 나와 있어도 지나치게 얽매여 불편해하지는 않는 것. 안으로 수납되어 보이지 않는 공간도 나름대로 질서를 만드는 것. 보이기에 완벽한 수납을 추구하는 것이 아니라 나만의 자연스러운 리듬을 가지길 바랍니다.

물건을 비우거나 보관하는 문제도 점점 구체적인 원칙이 생겨납니다. 가령 고무줄이나 철사 끈은 어디선가 자꾸만 생기는 신기한 물건들입니다. 미니멀 라이프 초창기에는 '이런 멋스럽지 못한 물건은 모두 비울 테야!' 하는 열의가 가득해 발견되는 족족 모두 비웠습니다. 하지만 현실적으로 고무줄과 철사 끈 같은 물건이 아쉬워지는 순간이 옵니다. 그렇기에 모두 비우지 않고 수량을 정하는 것으로(예를 들어 철사 끈과 고무줄은 두 개씩만 가지고 있는 것으로) 결정합니다.

대신 서랍 아무 데나 던져놓던 버릇을 개선해 정돈된 모습으로 보관하기로 하고 주방 서랍 나무 수저통 아래를 그 자리로 정했습니다. 이렇게 모두 비울 수 없다면 넘치지 않도록 원칙을 가지고 관리하는 것도 미니멀 라이프를 실천하면서 생긴 살림의 룰입니다.

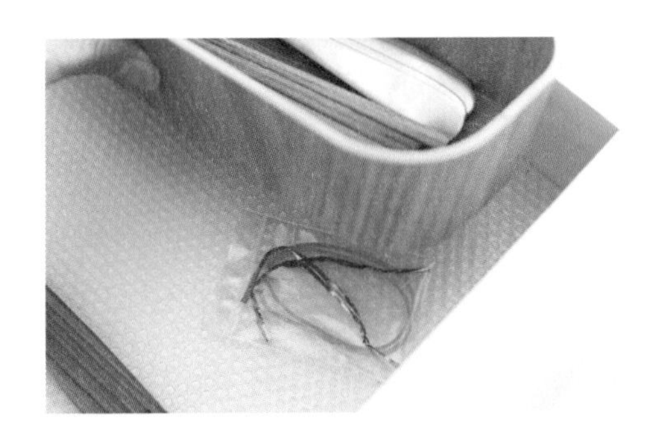

또한 미니멀 라이프를 통해 알게 된 기쁨 중 하나는 남겨진 것 하나 없이 깨끗하게 쓴 화장품과 세제통, 참깨통 등을 보는 것입니다. 새로 산 물건에만 설레던 내가 이제는 끝까지 사용해서 비워진 물건을 보면 '나 성실하게 살고 있는 것 같아!' 하는 흐뭇한 기분이 듭니다. 전에는 기존의 물건을 다 쓰지도 않고 같은 용도의 물건을 충동 구매하는 경우가 빈번했기에 빨리

새것을 쓰고 싶은 마음만 급했지 물건을 끝까지 쓰는 일이 거의 없었답니다. 즉흥적인 소비를 자제하게 되면서 가지고 있는 물건을 소중하게 대하는 마음이 생겼습니다.

미니멀 라이프로 인해 제 삶에 거창한 변화가 오거나 자랑할만한 살림 테크닉을 익힌 것은 아닙니다. 하지만 참깨 한 톨이라도 마지막까지 귀하게 쓰려고 하는 진지한 태도가 몸에 배어갈수록 제 삶이 평온하고 충만해집니다. 우리만의 이유로 행복해지는 살림이기에 억지로 애쓸 필요는 없답니다. 자연스럽게 기분 좋은 리듬에 몸을 맡기는 기분으로 살림을 할 수 있어 행복합니다.

물건을 제자리에 두어야 하는이유

남편과 작은 일로 티격태격한 뒤 생각해보니 사소하게 넘길 일이 아니라는 것을 깨달았습니다. 욕실 바닥을 청소하고 있었는데 남편이 줄자가 어디 있냐고 묻는 겁니다. 새로운 청소방법을 시도하는 중이라 신경이 온통 거기에 쏠려 있어 솔직히 남편의 질문이 그리 반갑지만은 않았습니다. 그래서 그냥 "거기 매일 두는 데 있잖아. 거기 없어?" 하고 대답했습니다. 분명 목소리에 귀찮음이 역력하게 묻어 있었을 것입니다. 하지만 남편은 재차 '거기'가 어디냐고 질문했습니다. 왜냐하면 남편이 늘 두던 공구상자에 줄자가 없었기 때문입니다.

계속된 남편의 질문에 청소하다 말고 "거기에 있을 거라고! 자기가 제대로 찾아보지도 않고…" 하고 투덜거리며 나왔습니다. 그런데 공구상자에 당연히 있을 거라 생각했던 줄자는 없었답니다. 그때라도 남편에게 사과하고 줄자의 행방을 함께 추적했어야 마땅한데 "아, 이게 어디로 사라진 거야? 자기가 쓰고 다른 데 둔 건 아니고?"라며 남편에게 적반하장으로 큰소리를 쳐버렸습니다.

아무리 마음이 넓은 남편이라 해도 이쯤 되면 표정 유지가 어려운 것은 당연합니다. 남편은 한숨을 푹 쉬더니 굳은 얼굴로 "내가 줄자가 왜 없냐고 짜증을 내는 게 아니라 제자리에 없기에 혹시 알까 해서 물어본 것뿐이잖아. 만약 어디에 있는지 모르면 기억이 잘 안 난다고만 하면 될 문제잖아. 함께 찾거나 나 혼자라도 찾으면 될 상황이지 않아?"라고 말했습니다.

남편의 말이 백번 맞기에 할 말이 없어져 궁색한 변명을 늘어놓았습니다. "아니, 이상해서 그렇지. 내가 공구상자에 있는 줄자를 건드릴 일이 없는데 거기 없다고 하니까"까지 말하고 나니 며칠 전 책상 놓아둘 자리를 재어본다고 줄자를 꺼내 쓰고는 무심결에 침대 서랍장 안에 넣어둔 게 퍼뜩 떠올랐습니다. 아니나 다를까 서랍을 열어보니 줄자가 떡하니 있었습니다. 남편에게 사과하며 일단락은 되었지만 나중에 사건을 돌이켜보니 여러 가지 생각이 들었습니다.

물건을 제자리에 가져다 두는 건 아주 사소해 보일 수 있는 약속이지만 그로 인해 뜻하지 않은 갈등이 생길 수 있고 감정싸움으로 번질 수 있습니다. 다행히 줄자가 다급하게 필요한 상황이 아니라 그럭저럭 마무리되었지만 만약 시간을 다투는 긴박한 타이밍이거나 1분 1초가 아까운 출근시간에 물건을 찾지 못해 낭패를 겪는다면 가족끼리 큰 싸움이 될 확률도 있습니다. 또 서둘러서 병원을 가야 하는데 자동차 키가 안 보인다거나, 일을 하러 가야 하는데 노트북이 늘 있던 곳에 없다면 큰 트러블이 생길 수도 있습니다.

물건을 대책 없이 늘리고 정리와는 담을 쌓고 살던 과거에는 물건을 찾다가 늘 짜증이 나고 진이 빠졌습니다. 화장품 파우치를 그때그때 정리하지 않아서 원하는 립스틱 하나 찾으려고 해도 온 가방을 다 헤집어야 했고 메모해두었던 중요한 쪽지를 어디에 놨는지 기억이 안 나서 책상 서랍을 빼서 바닥에 물건을 다 쏟은 적이 한두 번이 아닙니다. 아무리 찾아도 안 나오던 물건이 전혀 엉뚱한 곳에서 나올 때면 나 자신에게 너무 황당했습니다.

미니멀리스트를 지향하면서 물건을 대폭 줄이고 물건의 위치도 이전보다 잘 파악하게 되면서 찾아 헤매는 일이 적어졌습니다. 하지만 줄자 사건처럼 예전 버릇이 불쑥 튀어나와 이 문제는 정말 철저하게 개선하리라 다짐했습니다.

물건을 제자리에 두기. 단순한 정리 비법이 아니라 함께 물건을 사용하고 생활하는 가족을 배려하기 위한 최소한의 규칙입니다. 가족 모두가 함께 물건의 위치를 정하고 그 규칙에 맞게 정리하는 습관을 들이는 것이 서로에게 좋다고 생각합니다.

예를 들어 아침마다 모든 준비물을 엄마가 다 챙겨주고 남편의 넥타이며 출근 소지품들을 전적으로 아내만 맡아서 체크한다면 아내가 부재중일 때는 가족 모두가 혼란에 빠지게 되고 일상이 흔들릴지도 모릅니다. 그래서 우리 부부는 앞으로 물건의 위치를 말할 때 '거기'라는 식으로 막연한 대명사를 쓰지 않고 "공구상자 세 번째 칸에 있을 거야" 하는 식으로 정확한 장소를 제시하는 습관을 들이려고 합니다. 그러기 위해서는 해당 물건의 제자리를 함께 정하고 기억한다는 전제가 성립해야겠지요. 또한 만약 제자리에 물건이 없어서 누군가 찾는다면 거기 없냐고 부은 얼굴로 되묻지 않고 '내가 다른 데 두고 깜박한 건가?' 하고 스스로 점검하는 태도를 가지려 합니다.

물건을 잘 놔둔다고 행복지수가 올라가는 건 아닐 것입니다. 하지만 물건을 엉뚱한 데 놔두면 그게 원인이 되어 예상치 못한 트러블이 생길 수도 있답니다.

중고거래 디스(Dis) 또는 피스(Peace)

"네가 뭘 좋아할지 몰라 다 사 왔어"라는 달달한 멘트가 있습니다.

그 말을 주로 나 자신에게 들려주곤 했습니다.

"내가 뭘 좋아할지 모르니 다 사자!"

이걸 살까 저걸 살까 망설여질 때는 2개 다 지르고 보는 스스로에게 참 아낌없는 나였습니다. 그랬던 내가 미니멀 라이프로 물건을 비우기 시작했습니다. 일부는 더 이상 사용이 어렵다고 판단되어 과감히 버렸지만 많은 물건들이 나에게 필요가 없을 뿐 충분히 더 쓸만한 상태이며 새것과 다름없는 것도 있었습니다. 이런 물건들은 기관에 기부하거나 지인이나 온라인을 통해 무료 나눔하고 판매하기도 했습니다.

중고거래 디스하고 싶어진다

요즘엔 누구나 쉽게 앱이나 사이트에서 중고물품을 거래할 수 있습니다. 저도 물건을 비우며 자연스레 천만 회원 수를 자랑하는 중고거래 온라인 카페 **나라에 가입했습니다.

중고거래 게시판을 둘러보며 '에눌(깎아주세요)', '네고(깎아주세요)', '운포(배송비를 포함한 가격)', 'A급(상태 좋음)' 등 중고거래 용어에도 익숙해졌습니다. 어찌어찌 판매 글을 올리는 것까지 성공했는데 서툰 중고거래 판매자답게 실수는 연이어 일어났습니다.

사놓고 거의 입지 않은 옷 한 벌을 판매 게시판에 올렸는데 알고 보니 그 옷이 '품절대란'이 났을 정도로 엄청난 인기를 끌던 아이템이었습니다. 10만 원에 올려도 금세 팔렸을 텐데 사전에 가격 검색 없이 0자 하나를 뺀 만 원에 등록해버린 것입니다.

실수였다 밝히고 수정했으면 되었을 것을 빗발치는 독촉 문자에 어안이 벙벙한 상태가 되어 발송했습니다. 그걸로 끝이 아니었습니다. 그렇게 내 옷을 만 원에 산 구매자가 그 옷을 받자마자 훨씬 높은 가격을 붙여 다시 판매 글을 올린 것입니다.

아무리 봐도 내 옷이고 다시 봐도 구매자의 아이디와 동일했습니다. 그 글을 보는 순간 '사촌이 땅을 사면 배가 아프다'는 속담을 '구매자가 곱절의 가격으로 재등록한 것을 보면 배가 아프다'는 말로 바꾸고 싶어졌습니다.

이미 지난 일이고 명백한 내 실수였으니 쿨하게 넘어갔으면 좋았을 것을, 소심한 마음에 항의도 못 하고, 그냥 혼자서 '아이고 내 옷, 아이고 아까워라!' 하며 가슴앓이를 했습니다. 잠깐이지만 다시 내가 구매를 한 다음 단돈 천 원이라도 더 붙여 재판매를 할까 하는 못난 상상도 했습니다. 쓰디쓴 첫 경험으로 중고거래 등록 전에 반드시 시세를 검색하는 습관을 가지게 되었으니 뭐든 거저 배우는 게 없나 봅니다. 하지만 이걸로 제 중고거래 수난사는 끝이 아니었습니다.

유명 연예인이 방송에 즐겨 쓰고 나온 인기 모자를 시세의 절반에 해당하는 가격에 등록했습니다. '착한 가격' 덕분에 등록하자마자 문의가 이어졌는데 그중 한 분이 30분 안에 입금할 테니 다른 사람들에게 판매하지 말아달라는 요청을 해 승낙했습니다.

그런데 구입하겠다는 분의 문자가 연이어 왔습니다. '모자 안쪽 면을 찍어서 보내주세요.' '모자 크기 조절하는 부분 사진을 보내주세요.' '사진으로는 깨끗해 보이는데 혹시 포토샵 하신 건 아니죠?' '제가 머리가 조금 커서 그런데 직접 쓰고 찍은 사진을 보내주세요.' '혹시 화장하시고 쓰신 건 아니죠?' '판매자분 머리 크기가 몇이죠?' 이쯤에서 거절할 것을 '최대한 친절하게 하자!'라는 마음에 줄자로 내 머리 크기까지 재보았습니다.

하지만 약속된 30분이 훌쩍 지났지만 입금은 되지 않았습니다. 입금 여부에 답이 없어 다른 분께 판매했더니 다음 날 연락이 와 본인이 피곤해 잠들었는데 다른 사람에게 팔아버리면 어떡하느냐고 화를 냈습니다. 이 일로 앞으로 중고거래를 하며 너무 무례하다 싶은 요구를 받으면 주저 없이 피하겠다고 다짐했습니다.

그래도 평화로운 중고나라

소심한 '유리멘탈'에 금이 가는 에피소드들도 많았지만 그럼에도 중고거래는 물건을 비우는 데 큰 도움이 되었고 소유에 대한 많은 깨달음을 주었습니다.

물건은 대부분 개봉과 동시에 가격이 하락한다는 현실 자각.

사기는 쉬워도 팔기란 녹록지 않다는 경제관념.

중고거래를 잘 활용하면 합리적 소비를 할 수 있다는 새로운 인식.

이 외에도 중고거래가 단순히 돈만 오가는 것이 아니라 정이 오가기도 하고 나름의 철학도 있다고 느낀 경험도 있습니다.

책상을 사기로 한 부부가 초등학생 자녀를 데리고 직접 가지러 왔습니다. 직접 거래를 하고 물건을 옮기는 과정을 아이에게 보여주면서 자연스럽게 돈에 대한 가르침과 검소함을 알려주었습니다.

"이모가 쓰던 책상인데 우리 ○○이 쓰라고 아주 저렴하게 주시는 거야. 고맙습니다 해야지." 엄마의 말씀에 "고맙습니다" 하며 밝게 인사를 하던 귀여운 꼬마 숙녀를 잊을 수 없습니다.

또 조카며느리를 위해 옷을 사러 오신 어르신분도 떠오릅니다. 조카며느리가 좋아하는 브랜드 같은데 부담이 되는 가격이라 고민하시다가 내가 올린 글을 우연히 보고 전화를 주시고 찾아오신 것입니다.

"어르신, 이 옷도 혹시 조카며느리분께 어울릴까요?" 하며 중고거래 사이트에 올릴 예정이던 다른 옷들까지 덤으로 챙겨드렸습니다. 옷을 받은 조카며느리분의 행복한 표정이 상상되어 마음이 뭉클해졌습니다. 그분이 주신 지폐에선 따듯한 온기가 느껴지는 것 같았습니다. 큰 이윤을 남긴 거래는 아니었지만 내 마음에 그 어떤 거래보다 뿌듯함이 남았습니다.

경험해본 바로 중고거래는 양면성이 있단 생각이 듭니다. 서로에게 만족을 주는 평화로운 거래도 있지만 나한테 무슨 원한이라도 있는 건가 싶은 험난한 거래도 생깁니다. 하지만 물건 비우기의 어려움을 깨닫게 해준 이런 경험도 나름대로 소중합니다(잊지 말자. 모자를 팔기 위해 오밤중에 내 머리 치수를 줄자로 재던 그날을…). 그래도 줄자로 머리 사이즈까지 재게 하시고 잠수 타신 건 정말이지….

중고거래 불발 이후에도 남아있는 내 뒤끝도 미니멀화가 시급하다 느껴집니다.

사용설명서와
보증서 비우기

신혼집에 입주하면서 새로운 가전과 가구를 구입하게 되면서 제품 사용설명서와 보증서도 덩달아 늘어났습니다. 전기레인지와 냉장고 같은 가전은 물론 인터폰과 도어락에도 장문의 설명서가 함께 왔습니다. 전신 거울 같은 가구도 조립식이어서 조립방법에 관한 설명서가 따라왔답니다. 냉장고의 경우엔 설명서가 언어 버전별로 몇 개나 되었습니다.

설명서와 보증서는 처음 구입할 때만 슬쩍 보았지 고장이 발생하면 대부분 고객센터를 통해 해결했기에 다시 찾는 일은 거의 없습니다. 하지만 사람 마음이라는 게 언젠가 필요할지도 모르고 특히 보증서를 잃어버리면 무상 서비스를 못 받는 건 아닌지 염려스러워 보관하고 있었습니다.

그렇지만 이 많은 서류 뭉텅이로 서랍 한 칸의 용도를 허무하게 소멸시키는 건 비효율적이란 생각이 들어 회사별 고객센터에 문의를 했답니다. 질문은 크게 두 가지였습니다. 사용설명서를 종이가 아닌 디지털로 받을 수 있느냐와 보증서를 반드시 가지고 있어야 하냐는 것입니다.

도어락과 인터폰 사용설명서는 홈페이지에 제품별로 상세히 안내가 되어 있기에 파일로 다운로드 할 수 있고 서류로 된 설명서는 버려도 무방하다 안내를 받았습니다. 아울러 보증서는 구매 영수증이나 결제이력으로 대체 가능하다 합니다. 전기레인지의 경우에는 매뉴얼을 메일로 받았고 제품 설치 이력은 개인 정보로 관리가 된다고 합니다.

이렇게 확인하고 나니 안심이 되어 가뿐한 마음으로 꼭 필요한 서류만 남기고 서랍 하나를 가득 채우던 문서를 대여섯 장으로 정리했답니다. 일일이 전화를 직접 걸어 안내를 받는 과정이 조금 번거롭긴 했지만 결과는 매우 뿌듯했습니다.

이처럼 그동안 비워도 괜찮은데 막연한 불안감으로 그냥 지니고 있었던 물건이 참 많았다는 생각도 듭니다. 왜 가지고 있는지 이유도 모른 채 일단은 가지고 있어야만 할 것 같아서 어정쩡하게 소유하는 것을 점검하는 것도 미니멀 라이프 덕분에 가지게 된 태도입니다. 비록 서랍 한 칸에 불과할지 몰라도 '왜 가지고 있어야 하는가?'에 대한 질문에 스스로 답을 구하고 얻은 공간이기에 더욱 소중합니다. 사용설명서란 이름의 막연한 불안감과 보증서란 이름의 어정쩡한 소유를 비우고 넉넉해진 마음의 여유를 얻은 것입니다.

도시락으로 오해받던 내 화장품 파우치

연애 시절 남편은 내 물건 양에 종종 놀라워했습니다. 그중 대표품목은 화장품입니다. 우선 립스틱입니다. 변명하자면 그토록 많았던 이유는 질감이 다양하기 때문입니다. 매트한 A그룹, 리퀴드한 B그룹, 은은한 발색에 촉촉한 C그룹, 이렇게 질감에 따라 같은 컬러라도 다르게 표현된답니다. 또한 립스틱 컬러는 무한대가 아닐까 싶을 정도로 많습니다. 핑크 하나만 봐도 코럴 핑크, 인디언 핑크, 누드 핑크, 베이비 핑크 등 끝도 없이 다른 색상을 나열할 수 있답니다. 혹시 코럴 핑크와 베이비 핑크가 비슷비슷해 보인다고요? 그럴 리가요. 제 눈엔 마치 흰색과 검은색처럼 확실하게 다른 색상인걸요.

그다음은 브러시입니다. 학창시절 미술 시간에 붓만 잡으면 없던 수

전증까지 생겼을 정도로 손놀림이 매우 어설프다는 사실을 망각하고 전문가용 브러시를 종류별로 갖추었습니다. 이 브러시만 있으면 메이크업 아티스트의 손길이 닿은 듯 제 얼굴도 변할 거라 믿었나 봅니다.

화장품 파우치 역시 빼놓을 수 없습니다. 처음엔 가방 안에 휴대할 작은 파우치를 썼지만 들고 다닐 화장품이 많아지면서 점점 더 큰 사이즈의 파우치가 필요해졌습니다. 나중엔 외출 때마다 마치 출장 메이크업이라도 가듯 한 보따리를 싸 들고 다녔습니다.

연애 시절에 야근하는 남편의 얼굴을 잠깐 보려고 회사 앞에 들른 적이 있습니다. 대형 파우치를 들고 서 있는 나를 보고 남편이 "뭘 이런 걸 다 챙긴 거야! 힘들었겠다. 양도 많네. 동료들이랑 같이 나눠 먹을게. 정말 고마워!"라고 말하며 받길래 당황했던 해프닝도 있습니다. 내가 집에서 본인을 위해 도시락을 싸 온 걸로 크게 오해한 겁니다.

일본의 미니멀리스트 작가 사사키 후미오는 '자신의 개성을 살리세요' 같은 메시지들이 현대 젊은이들에게 강박관념과 같은 초조함을 준다고 말했습니다. 그리고 반드시 뭔가를 이루거나 훌륭한 사람이 될 필요가 없고 평소에 해야 할 일들을 완수하고 하루하루 성실하게 생활하는 것만으로 충분하다고 위로해줍니다.

이 문장을 읽으며 가슴이 뭉클해졌습니다. 평소 "너 다크서클이 턱까지 내려왔어"란 말만 들어도 기가 확 죽어 컨실러를 더욱 열심히 덧

발랐습니다. 또 "이 립스틱으로 당신도 여신으로 태어나세요" 하는 독촉 같은 광고에 늘 초조해하며 신상 립스틱을 구입했습니다.

반드시 뭔가를 이룰 필요 없이 하루하루 성실하게 생활하는 것만으로 충분하듯 반드시 '핫'한 메이크업으로 완성된 여인이 될 필요도 없는데 말입니다. 미니멀 라이프와 함께 내 본연의 모습으로 편하게 사는 것도 괜찮다는 생각이 들기 시작했습니다. 그러면서 점점 도시락처럼 무겁던 파우치 사이즈도 작아지고 화장대도 미니멀해졌습니다.

습관처럼 하던 화장품 구매도 절제가 생깁니다. 단정하게 머리를 빗고 깨끗하게 세안을 하고 노메이크업으로 외출을 하는 횟수가 늘어납니다. 그렇다고 앞으로 메이크업을 하는 즐거움을 포기하겠다는 뜻은 아닙니다. 여전히 화장품을 좋아하고 메이크업을 하면서 자신감을 얻습니다. 앞으로 화장품이 지금보다 더 줄어들 수도 늘어날 수도 있지만 분명한 건 주변의 시선 때문에 화장품을 마구잡이로 쟁이지는 않을 겁니다.

좀 진부한 표현으로 보일지 모르겠지만 이제는 신상 립스틱을 바른 입술 못지않게 활짝 웃어주는 미소도 충분히 매력적이고, 화려한 섀도로 그러데이션한 눈만큼 따뜻하게 바라보는 눈빛도 아름답게 느껴지기 때문입니다.

도시락으로 오해받았던 내 화장품 파우치

쿠폰을 대하는 마음

남편과 연애 시절부터 자주 가던 식당이 있습니다. 개업 초기에 첫 방문에서 쿠폰을 권유받았습니다. 만 원 이상 먹을 때마다 도장 1개를 찍어주고 10개가 차면 6천 원을 무료로 쓸 수 있다고 하더군요. 고백하자면 '미니멀리스트'를 지향하기 전에 저는 '사랑'이란 두 글자만큼이나 설레는 단어가 '세일' 혹은 '쿠폰'이었고, '그리움'이란 세 글자보다 감성을 자극하는 단어가 '적립금' 혹은 '사은품'이던 사람이었습니다. 그 식당에서 권하는 쿠폰도 당연히 운명처럼 받아들였고 모바일 쿠폰을 만들었습니다.

몇 달 만에 목표한 도장 10개는 금세 채웠습니다. 도장 개수가 늘어나면 너무 뿌듯해하고 고지가 얼마 남지 않았다며 억지로 외식 기회를 만들어서라도 가기까지 했답니다.

그런데 도장 10개를 채운 뒤 결혼 준비와 신혼여행 등으로 서너 달 동안 그 가게에 가지 못했습니다. 그동안 '미니멀리스트'에 관심이 생겨 핸드폰의 앱을 정리할 때도 그 쿠폰은 아주 소·중·히· 간직하고 있었지요.

드디어 시간적 여유가 생겨 미리 전화로 쿠폰 사용이 가능한지 문의를 드리고 설레는 마음으로 방문했습니다. 쿠폰 금액만큼만 주문하면 죄송한 마음에 다른 메뉴들도 함께 부탁드렸습니다. 그런데 모바일 쿠폰을 쓴다고 하니 사장님께서 "죄송하지만 직원이 잘못 알고 말씀드렸나 보네요. 모바일 쿠폰은 올해 들어 정책상 없애서 사용을 못 하십니다"라고 딱 잘라 거절을 하시더군요. 다른 손님들 이목이 다 집중되는 상황이어서 당황스러운 기분으로 밥을 먹으면 체할 것 같아 부득이 주문을 취소하고 가게를 나왔습니다.

쿠폰은 현금과 신용카드에 이은 제3의 화폐라고도 합니다. 결제할 때 "포인트 카드 있으세요?" "쿠폰 만들어드릴까요?"라는 권유를 피하기가 쉽지 않은 시대입니다. 이 일을 겪으며 '쿠폰'이나 '포인트'는 버리기 아까워서 집 안에 쌓아놓고만 있는 잡동사니와 비슷한 건 아닌가 하고 느껴졌습니다. 또한 사은품을 받기 위해서 굳이 필요도 없는 물건을 사는 습관과도 다르지 않았습니다.

비록 눈에 보이지 않는다 할지라도, 훗날 이득이 될지 모르더라도, 나의 선택에 영향을 미치고 소비에 얽매이게 하는 요소가 있다면 과감하게 제거하는 쪽이 미니멀리스트가 추구하는 가치에 부합하는 게 아닐까, 마케팅에 현혹되기보다 나만의 중심을 가지고 선택하며 살아가야겠다는 다짐을 했습니다.

쿠폰 사용을 거부당하고 서운하게 나온 우리 부부는 가까운 곳에 새로 생긴 작은 식당에 갔습니다. 기대 이상으로 맛도 훌륭하고 서비스도 좋아 상처받은 마음을 달래며 흐뭇한 외식을 즐겼습니다. 계산을 하고 나오려는데 직원분이 "적립 카드 만들어드릴까요?" 말씀하셔서 정중하게 사양을 하고 가게를 나왔습니다. 마음이 내키면 그 가게를 10번 아니 그 이상 갈지도 모릅니다. 하지만 그 순간엔 쿠폰이나 적립금에 내 의지와 행동을 속박 당하고 싶지 않은 마음이 강하게 들었습니다.

배도 부르고 밤공기가 감미로워 마을버스를 타지 않고 남편과 다정하게 손을 잡고 집까지 걸어왔습니다. 걷다 하늘을 바라보니 초승달이 참 예뻤습니다. '미니멀리스트'는 어쩌면 초승달을 닮은듯합니다. 초승달은 비워져 있어 더욱 아름답기 때문입니다. 모두가 보름달 같은 꽉 찬 쿠폰 적립만이 행복이라 여길 때 조금 손해 보는 것 같아도 초승달 같은 자유를 만끽하며 살고 싶습니다.

쓸모없는 외국 동전 쓸모 있게 기부하기

미니멀 라이프의 첫 단계인 비운다는 것, 말은 쉽지만 결단으로 이어지기 쉽지 않은 일입니다. 딱 봐도 낡고 더 사용하기 어려운 물건들은 과감하게 버릴 수 있었습니다. 하지만 고가라서 몇 년째 쓰지도 않고 모셔만 두는 가구나 액세서리, 멀쩡하지만 사이즈가 맞지 않아 못 입는 옷처럼 컨디션 자체는 이상이 없는 물건은 버릴 수가 없었습니다. 내게는 쓸모가 없지만 누군가 재사용할 수 있도록 중고거래를 통해 처분하기로 했는데 그 과정이 생각보다 귀찮고 체력적으로 힘들거니와 때로는 감정노동도 상당했습니다.

한 예로 사이즈가 큰 가구는 구입가보다 아주 낮은 가격으로 중고거래 사이트에 등록해도 최종거래가 성사되는 경우가 드물었습니다. 아마도 옮기는 비용과 과정에 대한 부담이 크기 때문일 것입니다. 그래서 덩치가 큰 물건은 거래 과정에서 스트레스를 받느니 가져갈 의향이 있는 분에게 '무료드림'으로 비웠답니다.

고가의 명품 물건이라 해도 중고 명품매장에 매입 문의를 하니 예상보다 너무 낮은 금액으로 책정되어 솔직히 속이 쓰렸습니다. 이렇게 비우는 과정에 우여곡절이 있었지만 '비우기를 잘 했다!'며 뿌듯함을 느낄 때가 더 많았습니다.

가장 뿌듯한 순간은 기부할 때였습니다. 중고 물건을 판매한 수익금을 좋은 일에 사용하는 여러 단체를 통해 제 비움을 기부의 기회로 삼을 수 있어 감사한 일이었습니다. 제게는 더이상 필요없는 물품이 미미하더라도 사회의 건강한 일에 보탬이 된다는 뿌듯함에 '비움'에 더 적극적으로 임할 수 있었습니다.

인상적인 기억으로 남은 기부 품목 중 하나는 외국 동전입니다. 여행을 다니면서 남는 동전을 기념 삼아 죄다 욕심껏 챙겨왔는데 오랜 세월 동안 모아두다 보니 쓸모없는 짐이 되어버렸습니다. 소장 가치 있는 컬렉션으로 만들 자신도 없으면서 그저 과욕으로만 가지고 있었기 때문입니다.

외국 동전은 은행에서 환전이 안 되기에 어찌할까 고민하던 중 세

븐일레븐, CU 등 일부 편의점에 외국 동전을 모아 유니세프로 보내주는 모금함이 있다는 정보를 알게 되었답니다. 가까운 편의점에 가보니 정말 모금함이 있었습니다. 자주 가는 곳이었는데도 계산대 옆에 이런 모금함이 있었다는 걸 그제야 알았답니다. 집에 있던 외국 동전과 기념품 삼아 가지고 있던 지폐도 모두 모금함에 넣었습니다. 집 안 구석에 천덕꾸러기 같던 물건이 조금이나마 타인에게 도움을 줄 수 있다니 기쁨을 감출 수가 없었습니다. 가득 채워진 모금함을 보며 마음속으로 짧은 기도를 드렸답니다.

미니멀 라이프란 신기합니다. 쓸모없는 것을 비웠을 뿐인데 이전보다 내가 조금은 더 쓸모 있는 존재처럼 느껴지니 말입니다. 필요 없는 것들을 비우면 과거엔 모르던 소중한 것을 발견할 수 있다는 말에 새삼 고개가 끄덕여집니다. 모금함에 외국 동전과 지폐를 넣고 드렸던 기도를 다시 떠올리며 다짐해봅니다.

"아무짝에도 서랍 속에 방치되어 있던 동그란 외국 동전이 어느 누군가에겐 동그란 희망이 되고, 구겨진 외국 지폐가 힘든 누군가에겐 빳빳한 용기가 되길 소망합니다. 앞으로도 제 삶에 쓸모없는 과욕을 쓸모 있게 비우는 지혜를 주세요."

손님맞이
미니멀 키트

여행을 떠나 호텔에 투숙하면 받게 되는 호텔 키트가 참 좋았습니다. 담긴 물건에서 호텔마다 특색이 느껴졌고 고객 입장에서는 작지만 뿌듯한 호사로 여겨졌기 때문입니다. 그 기억을 떠올리며 며칠간 머물 예정인 동생들을 위해 우리 집만의 손님맞이용 키트를 준비했습니다.

키트라는 타이틀이 좀 거창해 보일지 모르지만 지방에서 오는 동생들이 편히 쉬게 도움이 될만한 소소한 물건들을 모아본 것입니다. 기존에 가지고 있던 것과 선물 삼아 산 물건들이 섞여 있는 우리 집 키트를 소개해봅니다.

평소 피부가 건조하다 말하는 동생을 위한 오일과 복숭아 향이 나는 달콤한 보디로션, 화장을 지울 때 쓸 리무버와 선물로 산 작은 핸드크림 2개. 먼 길 오느라 피곤했을 동생들의 다리를 시원하게 만들어줄 쿨링시트와 릴랙스 타임을 선사할 시트 마스크, 미리 살균세탁을 해놓은 페이스 타월, 양말 한 켤레(같은 디자인에 색상만 다른 걸 3켤레 사서 추억 삼아 하나씩 신으려 합니다), 자다가 목이 마를 때를 대비한 생수, 세안할 때 편하게 머리를 묶을 머리끈과 핀까지 박스에 정갈하게 담습니다. 사용한 지 10년이 다 되어 앞부분이 조금 깨졌지만 기능은 아직 쌩쌩한 헤어 드라이기도 준비했습니다.

동생들이 집에서 머무는 시간 동안 이 물건들이 조금이라도 편안함을 줄 수 있기를 바라는 마음으로 상자에 하나씩 정갈하게 담았습니다. 작은 메모지에 환영의 마음도 적어봅니다. 이렇게 우리 집만의 손님맞이용 키트 준비가 다 되었습니다. 다행히 동생들도 키트를 보고 기뻐해주어 흐뭇했답니다.

과거엔 어떤 심정으로 손님을 맞았었는지 떠올려보면 정말 큰 변화입니다. 집이 항상 어수선하다 보니 손님맞이가 부담스러웠습니다. 몰아치듯 청소를 하고 허둥지둥 손님을 맞이한 뒤엔 몸도 마음도 지쳤습니다. 하지만 다급히 준비하느라 미흡했던 것 아닌가 괜스레 죄송했던 마음과 바쁘게 북적거렸지만 제대로 한 건 하나도 없어 허탈했던 기분이 지배적이었습니다.

미니멀 라이프 덕분에 손님을 맞이할 때 부담감이 많이 사라졌습니다. 미니멀한 살림 덕분에 대화를 나누고 마음을 소통하는 데 더 집중할 수 있게 되었습니다. 청소에 대한 부담이 줄어드니 예전엔 상상조차 못 했던 여유로움이 생깁니다. 손님이 오기로 한 순간부터 우리 집이 어지럽다고 흉을 보지는 않을까, 내 살림 솜씨가 형편없다고 생각하지는 않을까 우려하는 대신 우리 집을 방문한 손님이 머무는 시간 동안 어떻게 편히 마음을 나눌 수 있을까 생각해보게 되었습니다. 그래서 탄생한 것이 미니멀하지만 마음을 담은 우리 집의 손님맞이 키트가 아닐까 싶습니다.

\# 우리 집 손님맞이 미니멀 키트

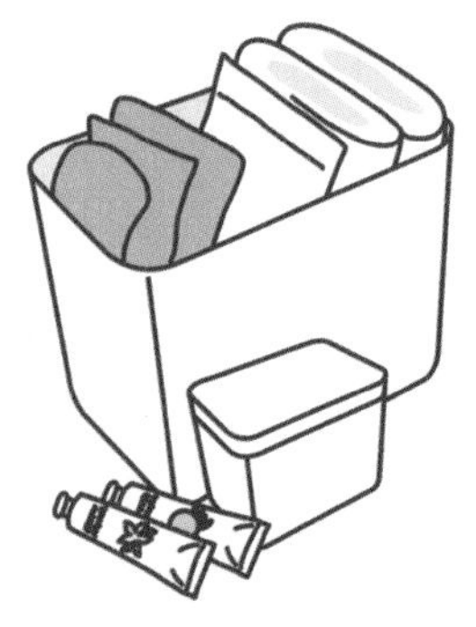

며칠간 머물 예정으로 지방에서 온 동생들을 위해
우리 집만의 손님맞이용 키트를 준비하기로 했습니다.
기존에 가지고 있던 물건과 선물 삼아 산 물건들을 모아서
우리 집 손님맞이 키트를 만들었습니다.

메이크업 리무버와 머리끈, 타월 등의 세안도구부터
핸드크림, 오일, 보디로션, 다리의 피로를 풀어주는 쿨링시트와
시트 마스크 등을 챙겨 릴랙스 타임을 갖도록 했습니다.

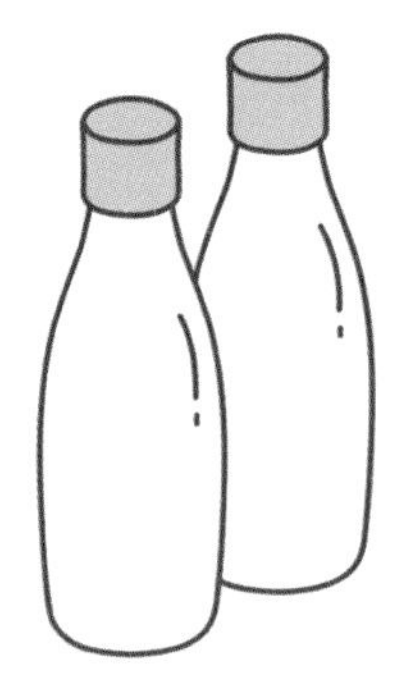

집 정수기가 싱크대 하부장에 있어
자다가 물이 마시고 싶을 때를 대비해
생수를 따로 준비했습니다.

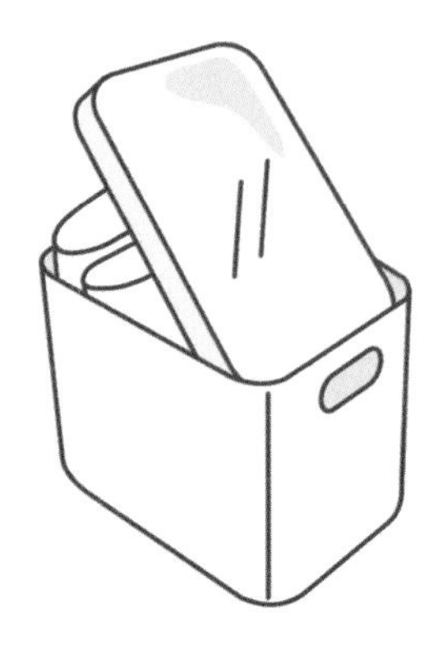

방에 거울이 따로 없어서
커버를 거꾸로 하면
거울로 활용할 수 있는 수납함에
담았습니다.

비우는 물건에 대한 애도

미니멀 라이프를 하면서 물건을 비울 때는 대부분 통쾌하고 개운한 감정이 들었습니다. 반면 기분이 차분해지고 오래도록 여운이 남을 것 같은 물건도 있습니다. 그중 하나가 자동차입니다. 등록 날짜가 2000년이니 무려 17년이란 세월을 함께한 것입니다. 처음엔 아빠가 타시다 두 번째 주인으로 제가 많은 시간을 함께했고, 마지막에는 남편까지 온 가족이 두루두루 애용한 차량입니다.

17년은 결코 짧지 않은 시간입니다. 그만큼 함께한 추억이 많습니다. 지금보다 더 세상살이에 서툴고 마음을 가다듬는 데 어리숙하던 시절 자동차는 위로의 공간이었습니다. 혼자 쉬고 싶을 때 자동차에 앉아 음악을 듣는 것만으로 위안이 되었답니다.

관리에 꼼꼼하지 못한 주인 만나 고생도 많이 했을 텐데, 세월의 타격에도 꿋꿋하게 제 기능을 다했던 정말 기특한 자동차였답니다. "너무 오래되었으니 새걸로 바꾸는 게 어때?"라는 말을 자주 들을 정도로 외관 여러 곳에 노후 현상이 눈에 띄었지만 엔진을 비롯한 내부 부속은 건재함을 자랑했습니다.

간혹 다른 이들의 시선을 의식해 제 분수에 안 맞는 고급 자동차를 욕심낼 때도 있었지만 오래 입어 무릎이 튀어나온 운동복 바지 같은 편안함 덕분에 허세나 다름없는 과욕을 버릴 수 있었습니다. 비록 말 못 하는 물건이지만 자동차는 제2의 집처럼 따뜻한 공간이 되어준 친구였습니다.

그렇게 17년이란 시간을 큰 사고 없이 함께했지만 더 이상의 운행은 무리라 판단해 폐차를 결정했습니다. 차를 수거하러 오는 날, 함께 기념사진을 찍고 진심으로 그동안 고마웠다는 마음을 담아 쓰다듬은 뒤 마지막 가는 길을 배웅했습니다.

회사에 지각할까 봐 발 동동거리며 운전할 때마다 도와줘서 고마웠어. 세차도 자주 안 해줘서 미안했어. 17년 동안 진득하게 나의 가족 곁에 있어줘서 정말 든든했어. 누군가 차가 너무 오래된 거 아니냐고 할 때 너를 부끄러워했던 것 진심으로 사과해. 만약 처음 만났던 날로 다시 돌아간다면 나는 너를 조금 더 소중하게 대할까? 여전히 나는 허술

한 주인이 될 것 같아. 하지만 너는 그런 나를 위해 달려주겠지. 내겐 너무 과분하게 멋진 자동차였던 너.

돌이켜보면 이 자동차는 내가 미니멀 라이프를 알기도 전에 그 의미를 은연중에 깨닫게 해주었습니다. 물건의 진정한 가치는 가격이 비싸냐 저렴하냐, 브랜드가 뭐냐에 달린 것이 아니라 그 물건으로 만들어지는 삶의 스토리에 달려있다는 것을요. 똑같은 색상과 비슷한 디자인의 물건이 세상에 아무리 많다 해도 물건의 아이덴티티는 결국 생활의 향기로부터 나온다는 사실을요.

비움이 주는 의미는 여러 가지가 있을 것입니다. 자동차를 비운 경험이 내게 던져주는 메시지는 '경외심'과 '애도'입니다. 《설레지 않으면 버려라》(더난출판사, 2016)의 저자 곤도 마리에는 물건을 비울 때 고맙다는 인사를 잊지 말라고 했습니다. 오늘은 그 말이 절실히 와닿는답니다. 물건이란 언제든 가질 수 있고 욕망을 충족시키는 대상에 불과하다는 교만함을 버리게 됩니다. 무생물인 물건이어도 그 본분에 최선을 다하는 자세를 배우고 싶기 때문입니다.

미니멀 라이프를 시작하면서 새로운 출발을 위해 큰 결단을 하고 많은 물건을 비웠습니다. 이 또한 의미 있는 행동임에는 분명하지만 한 걸음 더 나아가 지금 내가 가진 모든 존재들(물건뿐 아니라 가족, 건강, 살아 있는 그 자체)을 진심으로 아끼고 감사하며 살아가는 데 미니멀 라이프의 또 다른 메시지가 있다고 생각합니다.

언니네 이발관의 〈애도〉라는 노래의 가사가 머릿속을 맴돕니다.

그대는 나에게 소중한 의미였지
행복을 주던 사람
그랬던 그대가 지울 수 없는 것을 이렇게 남기고서
우후 내게서 멀어져갔네
원래 그래야 하는 것처럼

그러고 보니 이 노래가 수록된 6집이 언니네 이발관의 마지막 앨범이라고 합니다. 앨범에 실린 노래들이 하나같이 다 영롱하게 빛납니다. 제 할 일을 다하고 떠나가는 이의 뒷모습은 담담하고 품위 있습니다.

어쩌면 처음 만남보다 더 중요한 것은 마지막 인사인지도 모르겠습니다. 그리고 마지막이 아름답기 위해서는 순간에 충실하게 살아야 하는 것이겠지요.

안녕, 나의 붕붕이

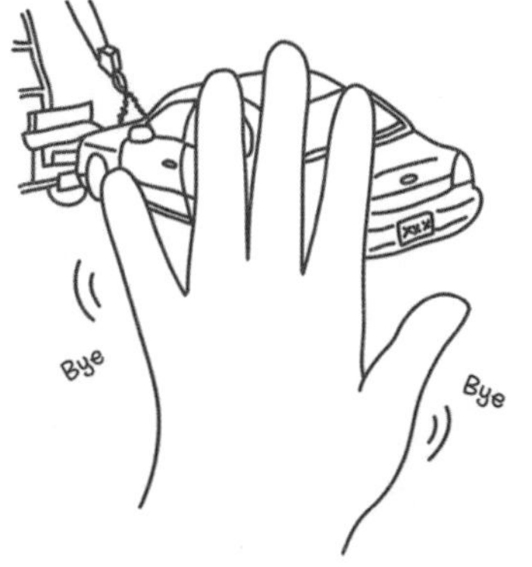

그대는 나에게 소중한 의미였지
행복을 주던 사람
그랬던 그대가 지울 수 없는 것을
이렇게 남기고서
우후 내게서 멀어져갔네
원래 그래야 하는 것처럼

〈언니네 이발관, 애도〉

소음 미니멀리즘

신혼집을 알아보면서 채광과 환기, 입지조건 같은 기준도 고려했지만 우리 부부가 굉장히 중요하게 여겼던 것 중 하나가 바로 소리였습니다. 되도록 소음이 적은 환경이었으면 했습니다. 소리에 있어서 미니멀리즘을 생각하게 된 것은 이전에 살던 집에서의 경험 때문입니다.

옆 건물 일층이 고깃집이었습니다. 거실 창을 열면 고기 냄새가 올라오는 것은 그렇다 쳐도 간혹 단체 손님이 오면 왁자지껄한 소리와 회식 자리의 힘찬 구호가 여과 없이 그대로 들려왔습니다. 아울러 주변에 신축 공사하는 건물이 많아 공사 소리가 끊이지 않았습니다. 바로 앞이 차도여서 버스 정류장이 가까운 것은 좋았으나 24시간 동안 차 소음을 들으며 생활했답니다.

그래서 집을 구할 때 주변 소음이 심한 집은 제외했습니다. 지금의 집은 주거지역에 있는 데다, 주변 이웃들도 다들 배려가 깊으신 덕분에 층간소음도 거의 없습니다.

미니멀 라이프를 실천하기 전에는 적적한 느낌이 싫어 집에 있을 때 보지도 않는 TV를 항상 틀어놓았습니다. 잘 때는 라디오라도 틀어놓아야 안심이 되었습니다. 주변에 물건이 없으면 허전함을 느꼈던 것처럼 고요함을 참지 못했습니다. 아마도 홀로 살면서 느끼는 허전함과 외로움을 덮으려 소리에 의지했던 게 아닐까 싶습니다.

하지만 의도적으로 많은 것들을 줄이면서 편안함을 경험하고 소리에 대한 인식도 변했답니다. 가능하면 나부터 소음을 발생시키지 않으려는 마음에 신혼집 공사를 할 때도 이웃분들이 주로 집에 있는 시간을 피해서 작업할 수 있도록 공사 기간을 여유롭게 잡았습니다. 저녁과 주말에는 당연히 공사를 잡지 않았고, 소음이 많이 나는 공사는 가까운 이웃분들이 집에 없는 시간에 하기로 계획을 세웠습니다.

가전을 살 때도 디자인과 성능만큼이나 소음을 꼼꼼하게 체크했습니다. 특히 세탁기는 자주 사용하는 가전이기에 혹여 세탁 시 이웃에 소음 스트레스를 줄지 모르니 비용이 더 들더라도 조용한 모드를 유지하는 제품으로 택했습니다. 과거에는 탈수 시작을 바로 알 만큼 소리가 컸는데 지금 제품은 종료음으로 알 만큼 소음이 적습니다. 시계도 초침이 들리지 않는 것으로 선택했습니다. 무선 청소기가 있긴 하지만 주로 밀대로 바닥을 닦는 것도 집 안의 소음을 최대한 낮추기 위함입니다.

집에 소음을 줄이니 신기하게도 자연의 소리가 선명하게 들립니다. 창가를 두드리는 빗소리, 바람 소리 등 과거에는 전혀 느끼지 못한 소리들이 귀에 신선하게 꽂히고 그때마다 마음이 정화되는 것 같습니다. 그런 가운데 제가 좋아하는 음악을 들으면 그 음악이 더 그윽하게 들립니다.

물론 가끔은 클럽 음악에 흥이 나기도 하고, 시끌시끌한 소리에서 활력을 얻고, 수다를 떨며 스트레스를 푸는 사람입니다. 다만 이전엔 보지도 않는 TV라도 틀어놓아야 안심했던 제가 고요함 속에 여유를 가지는 것에 감사합니다.

아울러 조용한 저녁에 은은한 불빛을 켜놓고 홀로 글을 쓰는 시간이 참 행복합니다. 고요함을 적막하다고만 치부해 인공적인 소리에 많이 의지했던 제가 아무 소리도 없는 그 순간을 아늑하다 여기게 되었으니 참 신기합니다.

일상적으로
당연하게 받아들이던 소리를
과감히 없애자 이전에는 몰랐던
고요한 편안함이 채워집니다.

미니멀 살림에 꼭 필요한 물건이란

신혼집에 입주할 당시 여행용 캐리어 3개에 모든 짐을 싣고 이사를 왔고 살아가면서 필요한 물건이 있으면 신중하게 구입하기로 결심했기 때문에 가구나 가전도 미리 사지 않았습니다. 살면서 절실히 필요한 살림부터 하나씩 들였더니 하나하나 소중히 대하게 됩니다.

신혼집에서 1년 넘게 동행해온 살림들을 둘러보면 정말로 잘 샀다 싶은 것도 있고 남들이 꼭 필요하다고 권유했지만 없어도 아직은 괜찮은 물건도 있습니다. 그리고 없이 살아보니 불편해서 구매를 고려 중인 물건도 있답니다.

신중하게 들인 살림이다 보니 후회가 되는 물건은 없지만 그중에서도 우리 부부의 만족도가 높은 것은 전기건조기와 주물냄비랍니다. 건조기가 있으니 날씨와 상관없이 세탁할 수 있고, 빨래 건조대가 공간을 차지하지 않고, 스피디한 세탁이 가능해 옷과 침구의 수량을 간결하게 유지하는 데 도움을 줍니다. 우려했던 전기요금도 예상외로 적게 나왔습니다(절전형을 택한 덕분이 아닐까 싶습니다).

또한 주물냄비로 지은 밥과 요리는 무척 맛있게 느껴집니다. 아마도 시간을 들여 지켜보면서 정성껏 만들었다는 뿌듯함 때문이 아닐까 싶습니다. 물건을 '최소'로 소유하지만, '최선'의 품질로, '최장' 기간 사용하고 싶다는 바람이 있는데 그에 잘 부합하는 고마운 물건입니다.

사용할수록 감탄하는 가구도 있습니다. 바로 인테리어 공사를 할 때 함께 제작한 심플한 디자인의 평상형 침대입니다. 아래에 캐리어까지 넣을 수 있는 넉넉한 서랍을 만들어 웬만한 물건을 다 이곳에 보관할 수 있습니다. 평상형이라 이불이나 매트를 자유롭게 깔아서 쓸 수 있고 여름에는 시원한 마룻바닥처럼 즐길 수 있습니다. 싱글 크기 두 개를 붙인 것이라 손님이 놀러왔을 때는 싱글 침대로 변신하기도 한답니다.

미니멀 라이프를 위해 좀 더 보강하고 싶은 살림도 생겼습니다. 시간적 여유가 있을 때는 주물냄비로 밥을 짓고, 물을 끓여 차를 마시는 것에 큰 불편을 못 느끼지만 바빠진다면 보온기능이 있는 밥솥과 단박에 물을 끓이는 전기 포트가 있으면 도움이 될 것 같습니다. 밥솥과 전기 포트

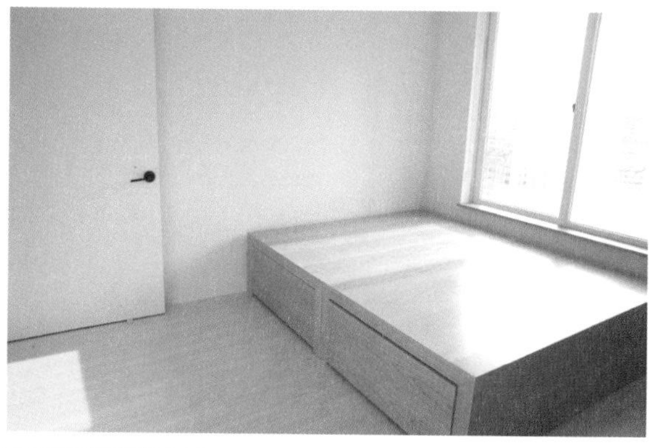

가 시간과 에너지를 절약해주어 더 필요한 일에 집중할 수 있게 된다면 그 또한 미니멀 라이프의 본질에 잘 맞다고 생각합니다.

'주물냄비만으로 충분하다'는 만족을 경험으로 배웠기에 작은 물건일지라도 구매할 때 신중하게 고민하는 자세를 가질 수 있었고, 물건을 대할 때 소유욕으로 인해 괴로운 것이 아니라 유연한 시각으로 다양한 가능성을 즐겁게 탐험할 수 있게 되었습니다. 미니멀 라이프 이전보다 내가 소유한 물건 하나하나에 대한 애정은 더 커졌습니다.

반면 구매를 많이 권유받았지만 여전히 없어도 괜찮다 싶은 물건도 있습니다. 물론 가족이 늘거나 라이프 스타일이 변화된다면 바뀔 수 있겠지만 현재로서는 전자레인지, TV, 소파, 에어컨은 없어도 불편하지 않습니다.

전자레인지 대신 뜨거운 물에 중탕으로 해동을 하고, TV 대신 컴퓨터로 보고싶은 드라마나 영화를 보고 소파 대신 푹신한 쿠션과 의자로 만족합니다. 폭염일 때는 에어컨 생각이 나기도 하지만 다행히 바람이 잘 통하는 시원한 집 구조 덕에 선풍기 하나만으로 무탈하게 여름을 났습니다. 다만 부모님이나 지인들이 집을 방문했을 때 불편을 느낄 수 있어 내년 여름이 다가오면 남편과 에어컨에 대해 구체적으로 의논할 것 같긴 합니다.

물론 이 물건들은 매력적이고 우리 부부의 삶의 질을 높여줄 수도 있지만 어떤 물건도 당연하게 여기지는 말아야 한다고 생각합니다. 또한 미니멀 라이프를 원할수록 나의 기준과 상황에 맞게 꼭 필요한 물건을 선별하는 안목도 함께 키워나가야 단순한 삶이 주는 행복을 충만하게 누릴 수 있다는 생각이 듭니다.

그릇은 세트로 사지 않고 낱개로 조금씩 구매했습니다. 면기 4개,

파스타볼 2개, 국그릇과 밥그릇 2개 등 평소에 쓸 만큼만 갖춰두고 손님이 많이 오면 그릇과 교자상을 대여해서 사용하고 있습니다. 소규모의 지인만 종종 방문하는 집이라 큰 불편은 없습니다.

과거에는 엉성한 요리 실력을 커버하고자 멋진 요리 장비를 들이는 데 공을 들였습니다. 멋진 살림살이로 주방을 채우면 거저 요리가 될 걸로 오해했답니다. 이제는 그릇은 적고 요리도 서툴지만 대신 나름의 최선을 다합니다. 마음을 다해 대충 하는 요리라고나 할까요?

'최소 그릇에 최선 다하기'라는 나름의 콘셉트로 그릇 하나에 영양분을 알차게 담아보려는 시도를 자주 한답니다. 맛과 영양이 괜찮다는 평가(남편의 평가인지라 무척 주관적이긴 하지만요…)도 받고 준비 시간이나 설거지 등 뒷정리 시간도 짧아져 요리에 대한 부담감이 줄고 성취욕이 늘었습니다.

지금은 적은 그릇과 도구만 있는 제 주방이 만족스럽답니다. 소수정예지만 모두가 특수요원이 되어 하루도 빠짐없이 출동하는 그릇들을 보면 뿌듯합니다. 물건이란 제 본분을 다할 때 가장 빛나 보이기 마련이듯 그릇은 수납장에 있는 것보단 음식을 담고 있을 때 제일 아름다워 보이니까요.

스토리가 있는 삶이 주는 힘이 대단하듯, 물건도 거기에 담긴 스토리가 있을수록 빛난다고 생각합니다. 우리 집 살림살이로 만들어나가는 미니멀 라이프 스토리가 앞으로도 쭉 이어지길 바라봅니다.

"미니멀 라이프를 하면서

물건 하나하나에 대한 애정은 더 커졌습니다.

좋아하는 물건에는 평범하지만 소중한 일상이

차곡차곡 스며들어 있습니다.

물건을 '소유所有'만 하려던 과욕은 줄이고,

물건을 흐뭇하게 '사유思惟'하며 살아가고 싶습니다.

냄비를 보고 갓 지은 따뜻한 밥을

가족과 함께 먹던 행복한 기억을 떠올리는 것처럼요."

생필품을 정중하게 대하는 마음

미니멀 라이프를 위해 물건을 줄여나가다 보면 정말 필요한 물건이 무엇인지 판단하는 데 도움이 됩니다. 제 경우엔 살림을 하는 주부가 되면서 생필품의 가치를 새롭게 느끼게 되었습니다. 생필품은 사전적 의미로 '일상생활에서 반드시 있어야 할 물품'입니다. 매우 중요한 존재이건만 이전에는 진지하게 생각해볼 기회가 없었습니다. 미니멀 라이프와 더불어 생필품을 대하는 태도에도 변화가 있었습니다.

장식품보단 생필품

과거에는 '집에 놔두면 이쁘겠다!'라는 충동적인 마음으로 장식품을 구매하는 경우가 많았습니다. 그에 비해 생필품은 언젠가 쓰겠지 하는 생각에 마트에서 저렴하게 파는 묶음 상품을 사서는 집 구석에 쟁여 두었답니다. 그런데 미니멀 라이프로 집 안에 소품을 많이 비우다 보니 집 공간을 보기 좋게 만들어주는 건 장식품보다는 생필품이라는 생각이 들었습니다. 생필품은 말 그대로 생활에 필요한 물품이고 매일 사용하다 보니 노출되어 있을 확률이 높답니다. 그러니 생필품도 디자인이 훌륭한 것을 고르면 보기에도 좋고 사용할 때도 즐겁지 않을까 싶었습니다.

솔직히 생필품이란 단어에는 생활감이 넘치기 때문에 미적인 가치가 있는 물건을 찾기는 어려울 거라 생각했습니다. 하지만 그건 제 편견이었습니다. 생필품의 세계도 관심을 가지고 들여다보면 무궁무진한 매력이 넘치기 때문입니다. 생필품 중에서 제가 관심을 가지고 즐거운 마음으로 고르는 물건은 칫솔입니다.

애용하는 칫솔은 대나무로 만든 제품인데 플라스틱과 달리 자연분해되는 친환경소재라는 점이 마음에 듭니다. 소재도 훌륭하지만 나무가 주는 고급스러운 느낌도 집 분위기를 근사하게 만들어줍니다. 욕실에는 따로 수납장이 없어서 가끔은 거실이나 싱크대 주변에 치약과 칫솔이 나와 있는 경우도 종종 있습니다. 그런데 우리 부부의 취향에 맞추어 신중하게 들인 물건들인지라 작은 소품처럼 집 안 분위기를 산뜻하게 만들어주어 거슬리지 않습니다.

물론 뛰어난 장식품은 혹여 실용성이 없어도 디자인적인 황홀함만

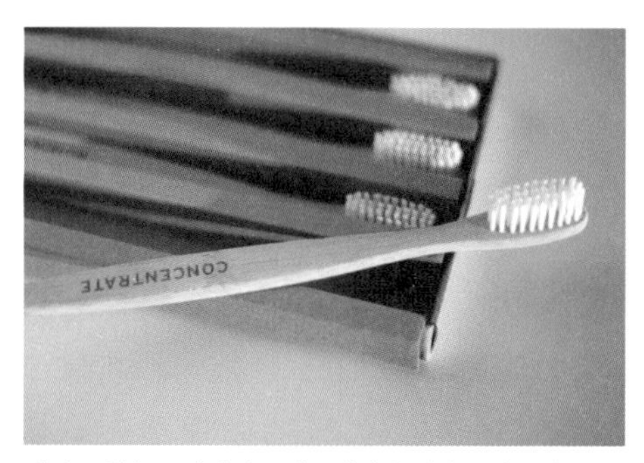

대나무 칫솔은 다양한 브랜드에서 출시되고 있는데 그 중 아이졸라 리플렉션(Reflections) 세트를 즐겨 씁니다. 칫솔마다 묵상, 명상 등 마음을 편하게 해주는 단어들이 각인되어 있는 감성적인 디자인이 매력적입니다.

으로도 힐링이 되는 공간을 만들어줍니다. 다만 멋진 장식품만이 공간을 업그레이드해준다고 여겼던 제 편견이 사라지고, 생필품에도 장식품 못지않은 멋과 매력이 있다는 사실에 눈을 떠서 기쁩니다. 매일 쓰는 칫솔을 손에 쥘 때마다 멋진 브로치를 가슴에 다는 것처럼 두근거리는 것. 미니멀 라이프로 얻은 생필품과 함께하는 행복입니다.

양보단 질

얼마 전 사용하던 헤어 브러시 바닥에 세월의 흠이 발생했습니다. 오랜 기간 만족하면서 쓴 물건이었기에 주저 없이 같은 제품으로 구매했답니다. 미니멀 라이프를 알기 전엔 비슷비슷한 브러시를 이것저것 사두고 여러 개를 사용했습니다. 많이 가지고 있다 보니 관리도 소홀

했고 잃어버리는 경우도 많았습니다. 그런데 많은 브러시 중 나와 가장 잘 맞고 애용하는 것 하나만 남기고 비운 뒤로는 꼼꼼하게 관리해가며 소중히 대하게 되었습니다. 사용할수록 이 브러시 하나면 충분하다는 것을 느끼니 더욱 감사한 마음이 들었습니다.

이렇듯 양보다 질에 치중하다 보니 오래오래 아껴서 쓰는 마음가짐이 생깁니다. 치약도 과거엔 어디선가 사은품으로 얻게 되는 세트나, 마트에서 저렴하게 묶어 파는 것들만 구입했습니다. 생필품을 대량으로 사서 집 어딘지 모를 구석에 쟁여놓다 보니, 사놓은 걸 깜박해 다시 사거나 유통기한을 훌쩍 넘겨 못 쓰게 되는 경우도 많았답니다.

치약은 매일 몸에 접촉하는 생필품으로 건강에 직접적인 영향을 줄

아베다 우든 패들 브러시(AVEDA wooden paddle brush)는 큼직한 사이즈로 넓게 빗질이 가능해 긴 머리를 관리하기 좋습니다. 무게는 크기에 비해 가벼운 편이라 손에 무리가 없고 나무로 만들어져 정전기가 일어나지 않는 것도 흡족합니다.

치약의 경우 부부 각자의 호불호가 명확하답니다. 나는 유기농 식물성분의 리얼 퓨리티(Real Purity) 치약을, 남편은 야생으로 재배된 허브성분이 들어간 내추럴 브라이트닝(Nature's Answer, Perio Brite)을 선호하고, 벨라다의 소금치약(Weleda, Salt Toothpaste)은 둘 다 애용합니다. 처음엔 거품이 덜 나는 것 같아 어색했는데 소금으로 치아와 잇몸 마사지를 받는 기분이 들어 일주일에 두 번 정도 사용합니다.

수 있습니다. 아직까지는 주변의 정보를 듣고 추천받은 치약들을 다양하게 경험해보는 중입니다. 영혼 없이 구매한 치약은 대충 푹푹 짜서 사용했다면 고심끝에 고른 치약은 적정량을 정갈한 기분으로 사용하게 됩니다.

설거지를 하고, 양치를 하고, 머리를 빗는 것은 어쩌면 조금은 귀찮을 수도 있는 일들이지만 원칙을 가지고 선택한 생필품들과 함께 하다 보면 일상에 작은 만족이 차분하게 스며드는 느낌을 받을 때가 있습니다. 아울러 생필품이 집 안에서 차지하던 공간도 줄어들어 상쾌한 여백을 유지할 수 있습니다.

건강과 환경을 고려

종종 매일 사용하는 생필품이 무심결에 건강에도 악영향을 주고 환경 파괴의 주범이 된다는 소식을 접할 때마다 선택에 더욱 신중해야겠다는 생각이 듭니다. 물티슈 없이는 살림하는 걸 힘들어하고 일회용 잔에 커피를 즐기는 부족한 사람이지만 생필품을 고를 때 신중하게 건강과 환경을 고려한 제품을 기꺼이 고르는 것으로 변화했습니다.

생필품을 정중하게 대하는 마음이 되었다고나 할까요. 매일매일 쓰는 칫솔이 있음에 감사해지고, 머리를 빗는 브러시에 겸손해지고, 설거지를 도와주는 수세미를 아끼게 됩니다. 일상의 작은 존재들이 각각의 생명력으로 빛나고 있음을 느낍니다.

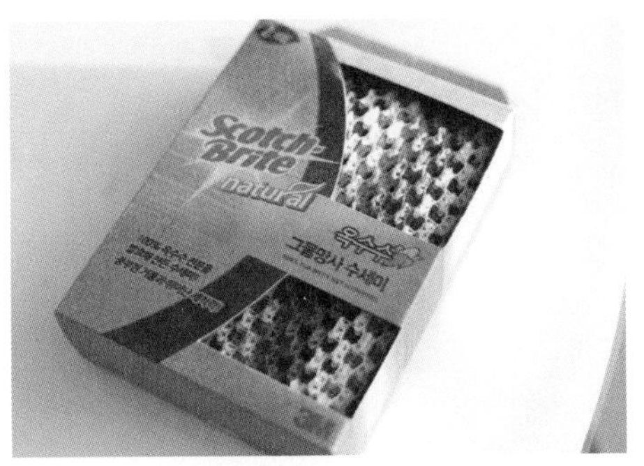

100% 옥수수 전분을 발효해 만든 3M 옥수수 수세미. 박스 포장지도 재생용지로 만들어져 친환경적인 구성도 흡족하고 세정력도 뛰어납니다.

시어머님께서 수세미를 직접 말려 만든
천연 수세미를 종종 보내주십니다. 잘 자란 수세미 열매를 삶아
껍질을 벗겨낸 후 속 씨앗을 깨끗하게 털어내고 말려 완성합니다.
처음엔 조금 뻣뻣할지 몰라도 쓰면 쓸수록 부드러워지고,
기름기 없는 그릇은 수세미만으로도 충분히 세척이 되어
세제 사용량도 줄일 수 있습니다.

비우지 않는 즐거움

미니멀 라이프엔 '비우기'라는 키워드가 자주 등장합니다. 처음엔 미니멀 라이프 관련된 책에 나오는 비우는 노하우들을 열심히 따라 했고 내일은 뭘 버려야 할지 고심하며 잠들기도 했답니다.

그렇게 비우는 과정 덕분에 많은 것을 얻었습니다. 공간의 여백이 주는 쾌적함을 만끽할 수 있고 물건 관리에 쏟던 에너지와 시간을 절약할 수 있게 되었습니다. 다이어트에 성공한 후 요요현상이 오지 않도록 군살을 수시로 체크하듯 비울만한 물건이 또 없나 점검하며 살다 보니 물건이 쉽게 늘어나지 않습니다.

어느 책에서는 미니멀 라이프를 위해서는 사용 기간과 수량을 정해 놓고 그 기간이 채워지면 미련 없이 비우는 순환을 택하라는 조언도 합니다. 한 미니멀리스트는 저렴하게 구입한 옷을 해당 시즌에 열심히 입고 계절이 바뀌면 대부분 과감하게 비운다고 합니다. 다음 시즌에 새로운 옷을 쇼핑하는 즐거움을 포기할 수 없기 때문이지요.

사람들마다 각기 다른 미니멀 라이프 스타일에 반기를 들고 싶은 마음은 없답니다. 단편적인 사례만 볼 때는 '싹 비우고 다 새로 사는 거 아냐?'라는 오해를 살 수도 있지만 그런 결단을 내리기까지 미니멀 라이프에 대한 나름의 깊은 고민을 거쳤으리라 생각하기 때문입니다.

모든 인생이 그렇듯 미니멀 라이프도 각자의 내공, 철학에 따라 다양한 스펙트럼으로 표현된다고 생각합니다. 다만 미니멀 라이프에 대한 내공이 부족한 내가 '비움'을 위한 '비움'을 하는 것은 아닌지 돌아보곤 합니다. 이전엔 필요해서가 아니라 '소비' 자체의 짜릿함에 빠져 물건을 쌓아두었다면 지금은 새로운 '소비'를 위한 '비우기'를 하는 것은 아닌지, 자칫 '소유하는 즐거움'에 대한 집착이 '비우는 즐거움'으로 슬며시 탈바꿈한 것은 아닌지를 말이지요.

새 상품이 담긴 택배 상자를 받을 때의 짜릿하고 두근거리는 쾌락과 물건을 버릴 때의 개운함에서 오는 쾌락은 어찌 보면 한 끗 차이일 수도 있기 때문입니다. 그러다 자칫 '비움' 자체가 목적이 되지 않을까 하는 염려가 듭니다. 어느 것이든 너무 지나친 것은 건강하다고 보기 어렵기에 적절한 균형을 잡을 수 있도록 가끔 자신을 점검하는 시간이 꼭 필요합니다.

'산다 - 쟁여둔다 - 또 산다 - 또 쟁여둔다'라는 소비의 무의미한 사이클에서 벗어나고 싶었는데 '비운다 - 새 물건을 산다 - 또 비운다 - 또 새 물건을 산다'를 취하게 되면 단지 쟁여두지만 않을 뿐 절제 없던 이전과 크게 다를 바가 없습니다.

아무리 취향과 실용성과 디자인을 두루두루 염두에 두고 신중하게 구입한 물건이라 해도 시간이 지나면 낡고 유행에서 멀어지기 마련입니다. 낡고 유행이 지나는 것보다 더 무서운 건 새 물건에만 눈이 반짝이고 시간이 흐르면 흥미가 급격하게 떨어지는 변덕스러운 마음입니다.

미니멀 라이프로 물건을 많이 비운 뒤에는 도리어 비우는 즐거움보다는 비우지 않는 즐거움을 찾고, 비우는 연습보다 비우지 않는 연습이 필요한 게 아닐까 싶어집니다. 앞으로 소비를 무조건 지양하며 살겠다는 의미는 아닙니다. 다만 '비운다 - 새 물건을 산다 - 또 비운다 - 또 새 물건을 산다'가 아닌 '비운다 - 새 물건을 산다 - 또 비우기도 한다 - 하지만 비우지 않고 지키는 물건이 훨씬 많다'가 되고 싶을 뿐입니다. 아무것도 비우지 못해 스트레스만 받던 내가 '비우는 마음'을 알게 되었습니다. 그리고 이젠 '비우지 않는 즐거움'도 배워갑니다.

가령 가구는 아무리 소중하게 사용한다 해도 흠집이 생기거나 고장이 날 수 있습니다. 그러나 스크래치가 생겼다고 가구를 교체한다는 것은 욕심이겠지요. 보기에 안 좋을 뿐이지 사용하는 데는 아무런 지장이 없기 때문입니다. 거슬리는 부분이 있을 때 무조건 버린다는 생각보다는 수선할 방법은 없는지 먼저 고민해보려 합니다. 예쁜 용기를 활용해 냉장고 정리를 깔끔히 한 사진을 보면 가지고 싶은 마음이 생기기 마련입니다. 하지만 그럴 때마다 기존의 용기들을 버리고 새 용기를 사들일 수는 없는 일입니다. 양말 한 짝도 구멍이 나면 새 양말을 살 기회로 여겨 버리기보단 서툰 바느질 솜씨지만 수선해 신어보려 합니다. 꼼꼼한 솜씨는 아니지만 신을 수 있는 양말로 거듭난 걸 보면 작은 신념을 지킨 것 같아 미소가 지어집니다.

다이어트 성공으로 지방을 줄이고 난 이후에는 건강한 근육을 만들어야 애써 만든 몸을 유지하는 데 도움이 된다고 합니다. 그런 의미에서 곁에 남긴 물건이나 새로 고심해서 선택한 물건을 비우지 않고 오래 쓰는 건 미니멀 라이프를 오래 지속하는 데 중요한 근육이 아닐까요.

미니멀 라이프를 시작하던 초기엔 가차 없이 비우는 것만 최고라 생각했는데 지금은 나만의 리듬감으로 비움 대신 지키기를 택하게 되어 뿌듯합니다. 비우지 않는 즐거움. 내 미니멀 라이프를 단단하게 만들어줄 근육과도 같은 존재입니다.

원형 테이블에 흠집이 생겼다. 우드 픽스로 조심스럽게 흠집을 채우고 마른 걸레로 닦아주니 완벽하지는 않지만 한결 개선되었다.

부모님이 직접 만드신 귀한 고춧가루. 올리브가 들어 있던 유리병을 재활용하면 굳이 새로운 보관병을 사지 않아도 된다.

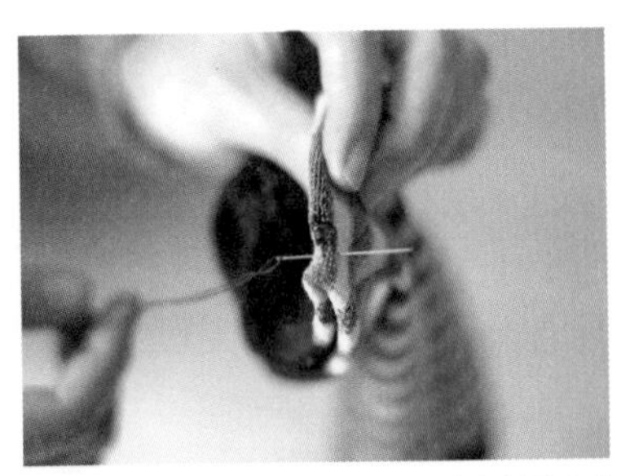

구멍이 생긴 양말도 예전 같으면 쉽게 비웠을테지만 바느질로 수선해 좀 더 신을 수 있다.

냄비의 코팅이 수명을 다해 냄비를 비웠지만 뚜껑은 쓸만하다 여겨져 남겼다. 가지고 있던 그릇과 사이즈가 아주 잘 맞아 금방 사용할 채소 등을 보관할 때 유용하다.

'돈'에 대한 힘 키우기

남편과 집 가계 상황을 전반적으로 검토해보는 시간을 가졌습니다. 그런데 체감한 것보다 고정 지출이 많았습니다. 고정 지출은 말 그대로 숨만 쉬어도 나가는 돈입니다.

아무리 살펴보아도 과하게 지출되는 건 없어 보입니다. 관리비나 도시가스비는 평균 대비 적게 나오는 편이고 보험료도 총수입의 10%를 넘지는 않습니다. 그럼에도 매달 발생하는 고정 지출이 가뿐하게 여겨지지는 않습니다. 과거에 비하면 의류나 화장품 등의 쇼핑 금액이 현저하게 줄어들었는데도 말입니다.

엉뚱해 보일 수도 있겠지만 이런 긴장감이 제 입장에선 반드시 필요한 일이란 생각이 듭니다. 고백하자면 저란 사람은 경제관념이 둔하고 알뜰함과는 거리가 멀게 살아왔습니다. 가계부를 기록하다가도 귀찮아져 쓰다 말다를 거듭하기만 합니다. 전에는 버는 족족 소비에만 몰두했고, 다음 달의 나와 다다음 달의 나를 믿는 '할부 파워 인생'을 살았기에 매달 얼마나 돈이 나가는지 가늠할 수 없었습니다. 그렇기에 지출을 살펴보고 위기감을 적당히 가져보는 경험이 소중하게 생각됩니다. 숨만 쉬어도 돈이 나간다고 마냥 우울해하기보다는 잠시 심호흡을 해보렵니다.

돈은 속박당하고 싶지 않지만 너무나 소중한 존재이고 소박한 삶은 좋지만 궁핍한 생활은 두려운 것이 사실입니다. 애증의 존재인 돈을 앞으로 조금 더 애정에 가깝게 만들기 위해 내가 길러야 할 '힘'을 정리해봅니다.

돈이 들지 않는 취미력 키우기

나이가 들어도 취미를 간직하는 것은 큰 행복이고 삶의 질을 위해서도 꼭 필요하다고 생각합니다. 제 오랜 취미를 꼽는다면 여행과 맛집 탐방으로 아무래도 소비를 동반합니다. 돈이 드는 취미가 나쁘다는 것이 아닙니다. 문제는 모든 취미가 돈이 없으면 단 한 발자국도 전진할 수 없는 것이다 보니 궁핍해지면 취미 생활도 저절로 단절되고 상실감이 더 커진다는 것입니다. 그래서 돈이 없어도 즐길 수 있는 취미력을 키우는 데 마음을 쓰고 싶어집니다.

예를 들어 산책하기, 독서, 사진 찍기, 블로그 글쓰기, 집에서 혼자 또는 지인과 차 마시기 등 이런 취미들은 큰돈이 들지 않습니다. 취미란 '전문적으로 하는 것이 아니라 즐기기 위하여 하는 일'을 의미하니 그게 무엇이든 스스로 만족을 느끼고 꾸준히 할 수 있는 일이라면 충분합니다. 평소 내가 좋아하는 일을 찾아 취미력을 단단하게 키워놓으면 혹여 예상치 못하게 수입이 줄더라도 취미 생활을 유지하며 나름의 스트레스를 해소할 수 있을 것입니다.

취미가 돈과 분리되는 자유를 느끼는 것도 좋지만, 마음만 먹으면 언제든 할 수 있기에 그 순간 백 퍼센트의 마음을 다해 흠뻑 빠져 즐기게 됩니다. 여행을 너무나 선망하지만 떠나고자 마음먹은 순간부터 항공권, 숙박료라는 돈의 범위에서 고민하는 것이 현실입니다. 그렇지만 좋아하는 동네 산책로에 갈 때는 지갑조차도 필요 없이 내키는 그 순간 길을 나서면 됩니다. 항공권을 결제하는 여행은 분명 즐겁습니다만 지금은 산책을 위해 현관문을 열고 내딛는 가벼운 발걸음의 행복도 알게 되었답니다.

집밥력 키우기

배달음식과 외식의 유혹은 참으로 대단합니다. 다른 분들의 노동을 빌어 완성된 음식에는 그만큼의 값을 지불하는 것이 마땅합니다. 배달음식과 외식은 잘못이 하나도 없습니다. 과거에 남이 해주는 편한 음식만 넙죽넙죽 받아온 제 게으름을 반성해야 한다는 것이랍니다.

먹고사는 문제라는 말도 있듯 먹는 것은 생존에 있어 매우 중요한 일입니다. 특히 다른 건 몰라도 식비는 줄이는 데 한계가 있고 건강에도 직결된 문제니 말입니다. 그렇기에 외식을 줄이고 '집밥력'을 키워야 한다는 생각이 듭니다.

꾸준히 집밥력을 기르면 경제력을 탄탄하게 하는 데 큰 자양분이 될 거라 생각합니다. 식구가 적다 보니 재료를 직접 다 사서 해 먹는 것이 가끔은 더 비싸게 느껴질 때도 있지만 되도록이면 귀찮은 마음을 버리고 집밥력을 향상시키려 합니다. 내가 먹을 음식은 직접 할 줄 안다는 자신감은 삶을 안정시켜주고 성실하게 쌓은 집밥력은 돈에 관한 힘을 키우는 데 단단한 기초가 되어줄 것입니다.

체력 키우기

요즘 남편과 나의 최대 관심 키워드는 체력입니다. 건강은 아무리 강조해도 지나치지 않은 덕목이랍니다. 그럼에도 돈을 따라가다 보면 어느 순간 건강을 잃어버리기도 합니다. 그래서 남편은 돈을 좀 덜 벌더라도 노동의 강도가 덜한 직업으로 이직을 준비했습니다.

남편의 직장은 만족스러운 경제력을 주고, 인간적인 배려가 넘치는 감사한 곳이지만 출퇴근 시간이 오래 걸리고 토요일을 격주로 쉬는 시스템입니다. 익숙하고 안정적인 회사를 퇴사한다는 건 남편은 물론 저에게도 상당한 도전이지만 체력 소모가 덜한 곳으로 마음이 기울었습니다. 통장 잔고를 늘리는 것도 중요하지만 체력을 키우는 것이 훗날 더 큰 자산이 되리라는 믿음 때문입니다. 그래서 남편과 함께 규칙적으로 꾸준히 할 수 있는 운동도 시작했습니다.

피천득 선생님은 돈에 관해 이런 글을 남기셨습니다.

> 마음대로 쓸 수 있는 돈이 있다는 것은 참으로 유쾌한 일이다. 이런 돈을 용돈이라고 한다. 나는 양복 호주머니에 내 용돈이 7백 원만 있으면 세상에 부러운 사람이 없다. 그러나 3백 원밖에 없을 때에는 불안해지고 2백 원 이하로 내려갈 때에는 우울해진다. 이런 때는 제분회사 사장이 부러워진다.

- 피천득, 「용돈」, 《인연》(샘터, 2002) 중에서 -

피천득 선생님의 인간미 넘치는 솔직한 고백에서 위로를 받습니다. 물욕에는 초연하다 여겨질 정도로 검소한 삶을 사신 선생님도 그런 마음의 갈등이 있으셨다니 말입니다. 그래도 칠백 원이라는 상한선이 있다니 대단합니다. 돈이란 많으면 많을수록 좋다고 생각하는 속물스러운 사람이기에 얼마의 여유자금이 있어야만 세상 부러울 게 없다는 만족을 느낄지 짐작조차 안 듭니다. 다만 선생님께서 말씀해주신 마음대로 쓸 수 있는 나만의 용돈을 많이 만들고 싶어집니다.

그 용돈이란 돈이 없어도 할 수 있는 취미, 스스로 차려 먹는 집밥, 건강 하나만큼은 자신만만한 몸입니다. 용돈이 지닌 원래 의미인 화폐 가치는 아니지만 마치 용돈처럼 내 마음대로 쓸 수 있는 막강한 자산이 될 거라 생각합니다.

소비력만 키울 줄 알던 제가 미니멀 라이프라는 동력으로 돈에 대한 건강한 힘을 만들어낼 준비가 된 것 같습니다. 숨만 쉬어도 돈이 나간다는 답답함에서 벗어나 커다란 심호흡을 할 여유가 생깁니다.

우리의 시행착오를 위하여

결혼 후 2년이 지난 어느날 남편은 회사를 그만두었습니다. 퇴사를 결정한 데는 나름의 깊은 고민이 있었답니다. 가장 크게 세 가지 이유였습니다. 시간과 건강 그리고 마음의 여유입니다. 여러 상황으로 회사와 상당히 거리가 있는 지금의 집을 결정하게 되었고 출퇴근 시간에 대한 부담은 가중되었습니다. 회사는 토요일에 격주로 쉬는 시스템이었는데 쉬는 토요일도 경조사를 비롯해 여러 가지 일정으로 바쁘게 채워지다 보니 주말이라고 해도 온전히 휴식을 취하기란 어려웠습니다.

남편은 저녁까지 회사에서 해결하고 오는 경우가 많아 집에 오면 씻고 다음 날 출근을 위해 곧장 쓰러져 자기 바빴습니다. 티는 내지 않았지만 남편은 만성피로와 수면 부족에 시달렸을 것입니다. 워낙 타고난 성정이 온유하고 성실한 남편인지라 그렇게 지친 몸과 마음을 저는 눈치채지 못했답니다.

그렇게 매일매일 별생각 없이 익숙한 패턴으로 지냈습니다. 그러던 어느 날 남편이 건강 검진에서 누적된 피로로 건강에 위험신호가 왔다는 얘길 듣고 마음이 쿵 내려앉는 기분이 들었답니다.

'노동하며 사는 것이 축복이라고는 해도 삶의 우선순위는 건강인 것을….'

지난날 나는 쥐고 있는 조그마한 것도 놓지 못하던 사람이었답니다. 새로운 도전을 하고 싶거나 휴식을 취하고 싶을 때도 욕심과 불안함에 지금 내가 가진 것을 내려놓을 줄 몰랐습니다.

회사를 그만두면 당장 무슨 돈으로 살지? 남은 카드 할부금액은 어쩌지? 더 나은 회사에 새로 들어갈 수 있을까? 신입으로 들어가기엔 나이가 많고 경력으로 스카우트 될만한 위치가 될까? 돈, 인맥, 물건, 지위 등 지금 안락하게 누리고 있는 것에 대한 집착과 미련, 막연한 두려움이 더 컸던 것입니다.

그런데 미니멀 라이프를 하면서부터 삶을 바라보는 관점이 달라졌습니다. 닥치지도 않은 미래에 대한 걱정보다는 현재의 삶을 우선시하게 되었답니다. 비워서 사라지는 것도 있지만 그 자리에 충만하게 채워지는 것이 있음을 알게 되었습니다. 그리하여 우리 부부는 고심 끝에 남편의 퇴직을 결정하게 되었습니다.

남편은 한동안 집에서 프리랜서로 종종 일하며 시간적 여유를 조금 더 가질 수 있는 직장으로 이직을 준비했습니다. 제가 매달 고정적으로 얻는 수익이 조금 있지만, 부부 전체 수입은 상당히 줄어들었지요. 퇴직을 결정하기 전 우리의 고정적인 지출을 점검해보니 말 그대로 '숨만 쉬어도 나가는 돈'이 상당해 놀랐습니다. 그래서 소소하지만 초라하지 않은 마음으로 지출을 줄이는 실천을 시작했습니다.

외출할 때 텀블러에 물을 챙기고 도시락도 준비해 외식으로 끼니를 해결하던 습관을 최대한 줄였습니다. 이런 실천으로 얼마나 큰 절약이 될지는 모르겠지만, 사소한 낭비만은 막아보려 노력했습니다.

물론 현실이 마냥 낭만의 연속이지는 않았습니다. 전보다 확연하게 줄어드는 통장 잔고에 불안해 한숨도 나왔지요. 그래도 남편의 퇴직이 제게 건강한 자극이 되는 부분도 있었습니다. 어쩌면 돈을 많이 벌수록 소비단위도 그에 걸맞게 키우는 것이 당연하다고 생각했는지도 모릅니다. 소비가 커지면 그만큼 더 많은 시간 일해야 하고, 우리도 모르는 사이에 삶의 질과 건강에 부정적인 영향을 줄 수도 있다는 생각에는 미치지 못했습니다.

당시 남편의 퇴사를 지켜보며 문득 영화 <라라랜드>의 대사가 떠올랐습니다.

"꿈을 꾸는 그댈 위하여, 비록 바보 같다 하여도. 상처 입은 가슴을 위하여, 우리의 시행착오를 위하여."

어찌 보면 퇴사를 결정한 것은 시행착오라 불려도 할 말이 없답니다. 그럼에도 '우리의 시행착오를 위하여'라고 지금의 우리를 응원하고 싶어집니다. 하나 더 '우리의 미니멀 라이프를 위하여'라고도요.

만약 무리하게 대출을 받아 집을 샀다면 쉽게 이런 결정을 할 수 없었을 것입니다. 당시 미니멀 라이프를 염두에 두어 대출에 대한 부담이 없는 평수가 작은 집을 선택했습니다. 덕분에 남편이 마음의 여유를 찾고 건강을 회복하는 데 가치를 더 둘 수 있어서 참 다행입니다.

우리의 시행착오가 앞으로 계속될지 아니면 산뜻한 결과로 이어질지는 미지수입니다. 다만 확실한 건 수입은 대폭 감소되었지만 남편과 함께하는 시간은 늘었고 우리는 시간 부자가 되었습니다. 핫플레이스에서 외식하는 일은 줄어들지 몰라도 집에서 천천히 대화하며 차를 나누고 함께 식사를 준비하는 시간은 많아졌습니다.

마라톤을 무척 좋아하는 작가 무라카미 하루키는 만약 추후 본인의 묘비명 같은 것이 있다고 하면, 그리고 그 문구를 직접 선택하는 게 가능하다면 이렇게 써 넣고 싶다 합니다.

무라카미 하루키

작가(그리고 러너)

1949~20**

적어도 끝까지 걷지는 않았다

- 무라카미 하루키, 《달리기를 말할 때 내가 하고 싶은 이야기》(문학사상, 2016) 중 -

그의 표현에 기대어 만약 시간이 많이 흘러 지금 우리 부부가 함께한 시간을 짧은 문구로 써 넣을 수 있다면 무엇이 좋을까 생각해봅니다.

밀리카와 그의 남편
돈이 적어도 끝까지 사랑을 포기하지는 않았다.

이렇게 근사한 문구를 꿈꾸다니 염치없지만 아무쪼록 우리 부부의 시행착오가 우리만의 미니멀 라이프로 채워질 거라 믿어보렵니다.

‘채움’을 위한 ‘비움’

습관이란 참 무서운 것 같습니다. 남편은 퇴사 후에도 알람이 울리지도 않았는데 출근 시간에 맞춰 눈을 뜨니 말입니다.

남편은 프리랜서로 조금씩 일을 하면서 구직 사이트를 둘러보고 도서관에서 공부를 하며 부지런히 하루를 보내고 있습니다. 그런 남편을 보면 조금 더 알뜰하게 여유자금 모아놓았다면 좋았을 걸 하는 미안한 마음이 듭니다. 남편은 집에서도 뭔가 할만한 일이 없나 늘 둘러봅니다. 나는 집에 있는 것이 세상에서 제일 맘 편한 집순이인데, 남편은 아직 낮 동안 집에 있는 것이 어색한 것 같습니다.

문득 우리 집이라고는 하지만 남편과 이 집의 애착 관계는 나보다는 덜하지 않았나 싶습니다. 미니멀 라이프를 함께한다고 했지만, 어쩌면 내가 하고 싶은 미니멀 라이프를 남편이 속 깊게 도와주었던 것은 아닐까도 싶습니다. 함께 사는 집이지만 남편에게는 잠만 자는 공간에 지나지는 않았나 되돌아봅니다.

주방 서랍장에는 내가 좋아하는 냄비와 내가 고른 수저세트가 있습니다. 냉장고와 세탁기도 엄밀히 말하면 내 취향에 가까운 것입니다. 남편은 집에 머무는 시간이 많은 제 맘에 드는 것이 우선이라고 배려해주었으니까요. 집 안을 찬찬히 둘러보다 문득 남편만의 공간을 작게라도 만들어주고 싶다는 바람이 듭니다.

조만간 남편이 가끔 스치듯 말하던 초록 나무를 사러 가자고 해야겠습니다. 집에 여백을 만들어둔 진가를 제대로 발휘해봐야 할 것 같답니다. 정말 소중한 것에 집중하고 에너지를 발휘하기 위한 여백이니 말입니다.

커다란 식물을 사랑하는 남편을 위해 거실에 그가 고른 나무를 놓는 것이야말로 미니멀 라이프로 집 안에 여백을 만든 이유가 될 것 같습니다. 잠든 남편에게 작은 메모를 써 머리맡에 하나 놔주어야겠습니다.

"그동안 쉼 없이 열심히 일했잖아요. 그러니 늦잠도 좀 자고 집에서 뒹굴뒹굴하며 보내요. 누구보다 성실하게 일해온 거 내가 다 아니까 좀 쉬어도 괜찮아요."

아침에 눈을 떠 메시지를 보고 조금이라도 위로받기를 바라봅니다.

그리고 함께 아침을 먹으며 말해보렵니다.

"화훼단지 갈래? 자기가 우리 집에 어울릴만한 나무 좀 골라줘."

남편 성격상 날 배려해 "커다란 식물 관리하기 자신 없어서 부담스럽다 하지 않았어? 미니멀한 우리 집에 안 어울릴까 걱정되는데"라고 말할지도 모릅니다.

그러면 이렇게 대답할까 합니다. "미니멀 라이프로 여백을 만들고 기다린 거지. 자기가 좋아하는 나무로 채우려고 말이야." 비움을 위한 비움이 아니라 가장 소중한 것으로 채움을 위한 비움이었다는 것을 증명할 순간이 온 것 같아 설렙니다.

나무의 이름은 '쉬어'라 할까 싶은데 남편 맘에 들지 모르겠습니다. 남편에게 가장 해주고 싶은 말이지만 대충 지은 이름 같아 웃을 것 같기도 합니다. '쉬어'란 이름의 나무를 가지게 되면 나무 이름 핑계 삼아 서로 "쉬어"라는 말을 자주 해주길 바라봅니다. 그동안 "빨리빨리" 혹은 "바빠"는 충분히 많이 했을 테니까요.

남편이 직접 고른 나무로 채워질 우리 집 거실을 상상하는 것만으로 마음이 초록빛 싱그러움으로 가득 찹니다.

벵골고무나무와 알로카시아로 거실을 채웠답니다.

제가 붙인 '쉬어'라는 임시 이름을 거쳐 남편은

고무나무는 '아담', 알로카시아는 '이브'라는 이름을 지어주었습니다.

좋아하는 식물로 채워진 거실이 남편 눈에

성경 속 아담과 하와가 있던 낙원처럼 느껴지나 봅니다.

마음을 다해 대충 하는 쓰레기 없는 일주일

미니멀 라이프를 시작할 당시 비우는 과정에서 가능하면 나눔이나 기부를 하려고 노력했지만 많은 물건을 쓰레기로 만들었습니다. 내 주변 깨끗하게 만들자고 지구에 쓰레기를 가중시킨 것은 아닌가 미안한 마음을 안고 있었지요. 그때의 신세 졌던 마음을 잊지 않고자 앞으로 살아가며 불필요한 쓰레기를 줄일 수 있도록 노력하려 합니다.

처음부터 완벽한 제로웨이스트 라이프를 욕심내기 보다는 우선 일주일을 목표로 실천해보기로 했습니다. 이후에 제 습관에 작게나마 긍정적인 변화가 생기기를 기대하면서요. 과거엔 비닐봉지 10개를 생각 없이 모두 다 사용했다면 이제 그중 두세 번은 '에코백을 활용할 수도 있지!' 하는 정도일지라도 말입니다. 참고로 쓰레기의 기준은 비닐, 플라스틱, 스티로폼, 알루미늄 포일 등 오랜 기간 자연적으로 분해되기 어려운 것들입니다.

일회용품 자체는 때에 따라서는 아주 유용하고 생활에 큰 도움이 된다고 생각합니다. 일회용품을 타도하는 발걸음이 아닌 '일회용품아, 그동안 신세 많이 졌어! 오늘은 우리 힘으로 한번 해볼게!' 하는 마음으로 쓰레기 없는 일주일을 시작했습니다.

첫 번째 실천은 피자를 용기에 담아오는 것입니다. 배달 음식은 필연적으로 일회용품이 딸려 옵니다. 자주 주문하는 품목인 피자와 스파게티의 경우 피자박스, 고정 플라스틱, 콜라병과 비닐라벨, 스파게티 포장용 알루미늄 포일, 피클과 소스를 담은 플라스틱 용기 등이 큰 비닐에 담겨와 상당한 양의 일회용품이 발생하지요.

직접 사러 가기 전 집 근처 매장에 문의하니 피자와 스파게티는 모두 매장에서 직접 만들고 있어서 그릇을 가져오면 일회용품 없이 구매가 가능하다는 답변을 들었습니다. 스파게티는 오븐용 용기를 가져오면 거기에 재료를 담아 오븐에 넣어 바로 만들어주신다고 합니다. 그래서 피자를 담을 큰 전골냄비와 스파게티를 담을 법랑 용기를 에코백에 넣고 설레는 마음으로 매장으로 향했습니다. 결제하려고 보니 방문 픽업을 하면 할인 혜택도 받을 수 있다고 합니다. 쓰레기 없는 구매를 위해 직접 갔던 건데 덤으로 할인도 챙겨 흐뭇했답니다.

직원분은 번거로울 수도 있는데 정성껏 피자를 잘라 냄비에 담아주시며, 용기를 가지고 온 손님은 처음인데 좋은 의도로 보인다고 친절하게 응대해주십니다. 법랑용기에 담긴 스파게티는 알루미늄 박스에 있을 때보다 한결 건강하고 먹음직스러워 보입니다.

피자를 사면 습관처럼 받던 콜라, 소스, 피클은 사양하고 집에 와서 냉장고에 있는 채소로 샐러드를 만들어 곁들였습니다. 신기하게도 밖에서 사 온 음식인데도 집에 있는 식기에 담아 먹으니 집밥을 먹는 것처럼 충만해지는 느낌입니다.

커피를 좋아하는 우리 부부는 카페에서 상당한 일회용품을 사용하고 있다는 사실을 느꼈기에 일주일 동안 텀블러로만 음료를 구매하기로 했습니다. 찾아보니 텀블러를 가져오면 할인을 해주거나 텀블러 사용을 적극적으로 권유하는 카페들이 꽤 있었답니다. 텀블러를 들고 다니면 무겁고 거추장스러울 줄 알았는데 음료를 마시고 분리수거함을 찾아 헤맬 필요가 없이 물로 가볍게 헹구면 됩니다.

동네에 있는 빵집에서도 비닐 포장되지 않은 빵을 골라 계산대에 가져가니 흔쾌히 용기에 담아주십니다. 빵집에서 흥분해 충동구매를 많이 하는 편이었는데 용기를 준비해가니 절제하게 되고, 빵을 그대로 용기에 넣어 보관하면 되니 편리합니다.

빵을 용기에 담아 구매하는 소비자들이 늘어난다면 빵을 만드는 회사에서도 포장에 들어가는 비용을 다른 곳에 투자하거나 빵값이 좀 더 저렴해지지 않을까 하는 상상도 해봅니다. 아주 작은 시도지만 나비효과를 일으켜 긍정적인 변화가 생겼으면 하는 바람입니다.

채소와 과일은 장볼 때 필수로 들어가는 품목입니다. 대형마트에서 장을 보면 대부분 포장 상태로 진열되어 있거나, 비닐에 담아 무게를 단 뒤 바코드를 붙여야 합니다. 되도록 쓰레기 없이 장을 보기 위해 집에서 멀지 않은 재래시장을 자주 찾곤 합니다. 마트처럼 각종 이벤트나 특별 할인 프로모션, 화려한 광고 문구가 없어서 충동구매 할 일도 없습니다.

며칠의 식단을 염두에 두고 2인 가족에 적당한 양만 구입하려고 신경을 씁니다. 파프리카 하나, 애호박 하나, 가지 하나, 소량만 신중하게 고르는 즐거움이 있고 재료 자체에 더 집중하게 됩니다. 바구니에 채소와 과일을 담아 결제하고 준비해 간 에코백에 그대로 넣으면 장보기가 끝납니다. 시금치나 잎채소 등은 준비해 간 용기를 보여드리면서 여기에 담아갈 정도의 양으로만 부탁 드리면 시장 상인분들이 친절하게 도와주셨습니다.

단골 두부 가게의 두툼한 손두부, 정육점의 고기, 쌀집의 쌀과 잡곡도 무리 없이 용기에 담아 살 수 있었습니다. 용기를 들고나올 때는 번거롭고 무겁다는 생각이 들기도 하지만, 우리 가족이 적당하게 먹을 양만큼만 살 수 있고 쓰레기도 발생하지 않아 마음이 뿌듯합니다.

재료를 필요한 만큼만 사니 요리할 때 한결 소중한 마음으로 알뜰하게 사용합니다. 너무 많아 넘치면 애호박 하나, 가지 하나가 이렇게 귀하게 여겨지지는 않을 것 같습니다. 직접 신경 써서 고른 채소라 그런지 더 음미하며 먹게 되고 음식물 쓰레기도 많이 남지 않습니다(혹여 남는 자투리 채소, 과일은 카레를 만들면 된답니다).

쓰레기 없이 준비한 재료로 차린 오늘의 밥은 다른 날보다 특별해 보입니다. 마트에 가서 계획 없이 마음에 드는 재료를 카트에 가득 담던 내가 가능한 쓰레기 없이 계획적으로 장을 볼 수 있게 되었다니, 기분 좋은 변화입니다.

마침 샴푸를 새로 살 때가 되었습니다. 샴푸나 화장품을 고를 때 품질, 가격, 입소문, 할인행사 등을 다양하게 고려하지만 쓰레기의 발생 여부를 두고 고민한 적은 없었습니다. 찾아보니 시중에 쓰레기가 발생하지 않는 비누 형태의 샴푸바가 다양한 종류와 기능으로 나와 있어 쉽게 구할 수 있었습니다. 이미 많은 분들이 제로웨이스트에 관심을 두고 실천하고 있다는 생각에 동지들을 만난 듯 마음이 따뜻해집니다.

처음 쓰레기 없는 일주일을 계획했을 때는 '할 수 있을까?' 하는 걱정과 '의외로 쉽지 않을까?' 하는 막연한 자만심이 동시에 들었습니다.

짧다면 짧고 길다면 긴 일주일이란 시간을 마치며 '할 수 있을까?' 하는 걱정은 '해볼 만하다'는 자신감으로 바뀌었습니다. '의외로 쉽지 않을까?' 하는 자만심은 '습관이 되려면 앞으로 꾸준히 노력해야 한다는' 각오가 되었습니다.

막상 물건을 사려고 하면 포장이 되어 있는 물건이 대부분인지라 소비를 하지 말아야 하는지 우려가 되었지만, 일주일간 경험을 해보며 기존에 익숙한 방법 대신 다른 대안을 찾아가는 과정을 통해 제 안에 건강한 힘이 자라나는 것을 느꼈습니다. 솔직히 용기를 미리 준비해 가져가는 게 처음엔 어색하고 쑥스러웠는데 가게에서 일하는 분들이 다들 기분 좋게 응대해주어 큰 격려가 되었습니다.

조금 덜 편리하다고 해서 불편한 것이 아니며, 그 과정에서 새로운 가치를 발견할 수도 있다는 것을 알게 되었습니다. 그래서 여유가 되는 상황에서는 쓰레기가 나오지 않는 구매 방식을 선택하려 합니다.

부족하고 평범한 사람이기에 앞으로 완벽하게 쓰레기 없는 삶을 유지하기란 어려울 것입니다. 용기를 들고 정육점에 가기도 하겠지만, 비닐 포장된 고기를 사는 날도 있고 마트에서 포장된 즉석식품을 고르기도 할 겁니다. 이토록 허점투성이지만 일회용 잔에 든 커피를 당연하게 여겼던 제가 텀블러를 챙겨 카페에 가는 방법도 알았다는 점은 다행스럽게 생각합니다. 삶에 다른 방식을 직접 체험해보고 생각보다 번거로운 일도 아니고 여기서 오는 장점도 크다는 것을 몸소 체험했으니까요.

혹시 아나요? 가랑비에 옷이 젖듯 그런 작은 실천의 조각들이 모여 쓰레기 없는 삶까지는 아니어도 한 달에 일주일 혹은 일주일에 하루라도 쓰레기 없이 사는 일상이 될지도 모른다는 희망을 품어봅니다.

그대로인 물건, 줄어든 물건, 늘어난 물건

다이어트와 미니멀 라이프의 공통점은 드라마틱한 비포 앤 애프터로 눈길을 사로잡는다는 것이 아닐까요. 제가 미니멀 라이프를 처음 시작할 때도 비울 물건이 워낙 많으니 상당한 물건을 빠른 속도로 비웠고 깔끔해진 집의 변화는 가히 놀라웠습니다.

성공적인 체중 감량이나 물건 비움 이후에 유지를 하려면 꾸준한 관리가 필수라는 점 또한 유사합니다. 자칫 방심해 예전 습관으로 돌아가면 요요현상이 와서 급격히 몸이 불어나듯 집도 금세 물건에 잠식되기 마련이니까요. 다이어트 성공 이후에도 습관을 개선해 꾸준히 몸을 관리하는 것을 '유지어터'라고 하듯 저 또한 '미니멀 라이프 유지어터'로서 제가 가진 물건을 꾸준히 점검하곤 한답니다.

2016년 신혼집에 입주하며 미니멀 라이프를 시작한 뒤에 5년이 흐른 지금 시점에서 그대로인 물건, 줄어든 물건, 늘어난 물건을 점검해 봅니다.

우선 그대로인 물건은 가전과 가구입니다. 집에 적지 않은 공간을 차지하는 가전과 가구는 살면서 꼭 필요해지면 인연을 맺으리라 마음을 먹었답니다. 살다보면 짐은 자연스레 늘어나기 마련이고 물건을 비우는 것이 결코 쉽지 않음을 느꼈기 때문입니다.

그래서 가구는 침대, 책상, 주방 식탁, 수납장 정도만 마련했고 가전은 세탁기, 건조기, 냉장고, 믹서기, 선풍기, 온수매트를 들였습니다. 아직까지는 맞바람이 드는 집 구조 덕분에 선풍기로 여름을 나는데 큰 무리가 없고, 소파 없이 거실을 넓게 활용하는 장점에 더 만족하며 지냅니다. 종종 작은 사이즈의 냉장고가 아쉬울 때도 있지만 덕분에 식재료 욕심을 절제하게 되는 것 같습니다.

집에 손님이 오실 때는 4인용 테이블로는 부족하지 않을까 했는데 막상 살아보니 집에서 많은 인원이 모이는 경우는 극히 드물었답니다. 닥치지도 않은 미래를 걱정해 미리 큰 테이블의 가구를 여분으로 사지 않기를 잘 했다는 생각이 들었지요.

살아가며 줄어든 물건은 주방살림입니다. 미니멀 라이프가 단발성 이벤트가 아닌 생활의 일부로 함께 하길 원했습니다. 살면서 잘 쓰지 않는 물건은 남편과 상의 하에 수시로 비웠답니다. 특히 코로나 시국이라 지인들을 초대할 일도 더 줄다보니 두 사람 몫의 주방살림이면 충분하게 느껴져 비우게 되었습니다

신혼살림으로 장만했던 머그컵 4개 세트는 막상 잘 쓰지 않아 비우고 남편과 내가 잘 쓰는 컵 하나씩을 골라 2개만 남겼습니다. 서너 개 가지고 있던 나무주걱도 지금은 하나면 충분하게 생각되어 정리했습니다. 요리는 '장비빨'이란 말도 있지만 저처럼 요리 실력이 서툰 사람은 도구와 과정을 되도록 심플하게 만드는 쪽이 지속 가능한 살림법이기 때문입니다.

가능한 식사를 그릇 하나에 담아 원플레이트로 차리고 커피나 티, 주스 등 음료에 따라 컵을 구별하지 않고 컵 하나를 멀티로 활용하다 보면 그때그때 설거지 하는 습관을 들일 수 있고, 주방 정리 시간도 최소화할 수 있어 살림에 부담이 덜어집니다.

살면서 더 늘어날 수도 있겠지만 당장은 최소한의 물건을 최대한으로 활용하는 현재의 주방살림이 흡족하게 느껴집니다. 줄어들었다는 건 그만큼 더 신중히 선별했다는 의미이고, 단 하나도 허투루 방치되는 물건 없이 매일매일 소중한 마음으로 아끼며 사용하게 되었으니까요.

세 번째로 늘어난 물건도 있습니다. 코로나 시국이 지속되면서 삶의

많은 부분에 제약이 생겼습니다. 특히 체육관과 자주 가던 목욕탕을 마음놓고 갈 수 없으니 아쉬움이 컸습니다. 그래서 집에서 운동을 하기 위해 매트와 운동복, 아령 등의 운동용품을 들이게 되었습니다.

아울러 정기적으로 목욕탕에 가는 게 소확행이던 저는 오랜 시간 고민 끝에 용기를 내어 집에서도 사우나가 가능한 가정용 접이식 한증막을 샀습니다. 접이식 천을 펼치면 일인용 한증막이 되는 물건으로 압도적으로 강렬한 색상과 크기로 집 공간을 상당히 차지합니다.

새삼 우리 집 거실에 소파나 TV장이 없어 여유 공간이 있는 게 다행이라는 생각을 들 정도로 조금은 부담스러운 사이즈의 물건이지만, 목욕탕을 가지 못 하는 아쉬움을 해결해주는 기특한 물건으로 맹활약중이랍니다. 이외 온열 눈마사지기처럼 건강에 관련된 소소한 물건들도 늘어나고 있죠.

미니멀 라이프의 목표가 단순히 물건을 줄이는 데 있는 것이 아니라, 내가 지닌 모든 물건이 각자의 쓰임을 다하고 그 물건에서 좋은 에너지를 얻는 데 있다고 여기기에 운동기구와 건강용품이 지금 상황에선 우리에게 필요한 좋은 인연이라 느낍니다.

늘었지만 후회가 없는 물건이 있는 반면 반성되는 품목도 있습니다. 바로 옷입니다. 체형의 변화로 옷을 새로 사야했답니다. 새 옷을 사기보다는 대부분 당근마켓 같은 중고거래를 통해 옷을 장만해 선순환에

동참했지만, 기존 옷을 비우는 것보다는 새 옷을 사는 속도가 훨씬 빠르다보니 옷장이 포화상태가 되었습니다.

미니멀 라이프를 시작 할 때도 가장 비우기 어려웠던 물건이 옷이었는데 옷에 관해서만큼은 제 소유욕이 상당하다는 것을 새삼 느낍니다. 그래도 입지 않는 옷을 상당 부분 정리한 뒤에는 소비를 최대한 절제하며 살았는데, 중고 옷을 선순환시키며 저렴하게 산다는 나름의 면죄부가 지나쳐서 옷 소비가 폭발해버린 듯합니다.

미니멀 라이프에도 성적표가 있다면 제 경우엔 그대로 유지하는 물건도 있고 줄어든 물건도 있고 대책 없이 늘어난 물건도 있으니 중간 성적쯤은 되지 않을까 나름의 평가를 내려봅니다.

아침이면 바닥에 물걸레질을 하고 젖은 수건을 널어놓습니다. 가습기를 비롯한 가전을 늘리지 않고 무탈하게 겨울을 넘기는 저희만의 습관입니다. 청소 후 남편과 두 개의 머그잔으로 티타임을 가집니다. 굳이 여러 개의 컵이 없어도 편안합니다.

여유가 생기면 남편은 거실에 운동매트를 깔고 스트레칭을 하고 저는 간이 한증막으로 몸을 따뜻하게 데워봅니다. 늘어난 물건 덕분에 가능한 행복이 있습니다. 대신 다 입지도 못할 옷이 쌓여진 옷장을 보면서는 마음이 무거워져 반성을 합니다.

뭐든 꾸준히 일정한 마음으로 나아가는 것. 가장 어렵지만 반박하기 어려운 정답일 겁니다. 그런 의미에서 이번 주말은 옷장을 대대적으로 정리하던 그날처럼 옷을 거실에 몽땅 꺼내 입는 옷과 안 입는 옷으로 구분해봐야겠습니다. 당장 비우기 어렵더라도 나의 현실과 마주하는 것만으로도 소중한 첫걸음이 될 테니까요. 미니멀 라이프를 처음 시작했을 때의 용기와 결단을 떠올리면서 말이죠.

#미니멀 라이프 그 후 5년, 그대로인 물건, 줄어든 물건, 늘어난 물건

● 그대로인 물건

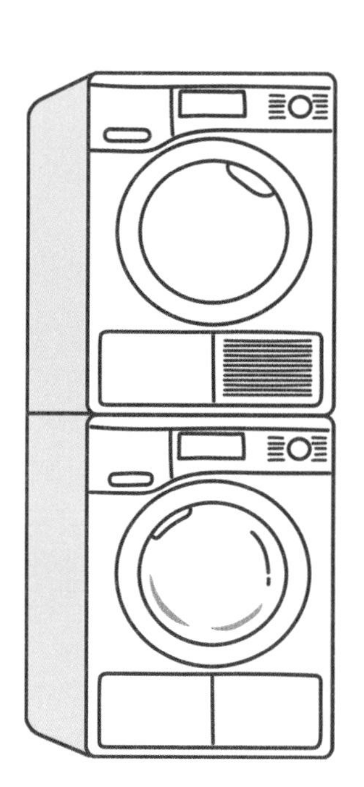

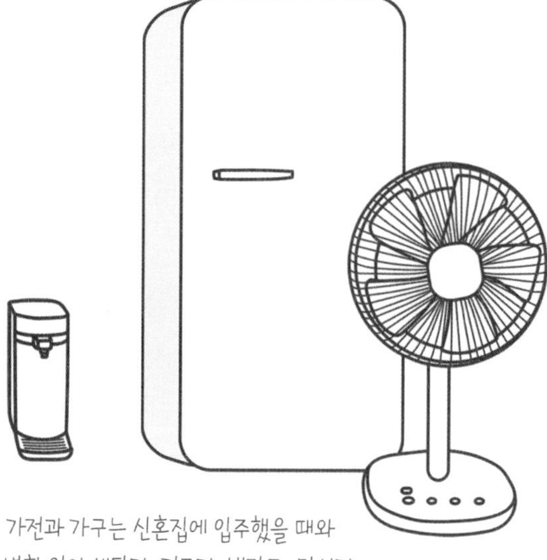

가전과 가구는 신혼집에 입주했을 때와
큰 변화 없이 세탁기, 건조기, 냉장고, 믹서기,
선풍기, 온수매트, 정수기를 사용 중.
맞바람이 치는 구조라 에어컨이 없어도
여름을 나는데 큰 무리는 없다.

가구의 경우 주방의 원형 테이블과
침대, 책상, 수납장은 그대로 사용 중이며,
코로나 시국으로 재택근무가 많아지면서
사무용 의자만 새로 장만했다.

● 줄어든 물건

코로나 시국이라 지인들을 초대할 일도 줄다보니
두 사람 몫의 주방 살림이면 충분하게 느껴져
신혼살림으로 장만한 머그컵 4개 세트는 비우고
잘 쓰는 컵 2개만 남겼다.

나무주걱도 서너 개 있었는데
하나로 충분한 것 같아
동그란 주걱 하나만 남겼다.

평소 식사는 넓은 그릇 하나에 담아 설거지를
최소화하는 편. 물이나 커피, 차, 음료 등으로
컵의 용도를 구별하지 않고 컵 하나를 멀티로 활용하면
그때그때 설거지하는 습관이 생긴다.

● 늘어난 물건

코로나로 체육관에 자주 갈 수 없어
홈트를 위한 운동매트와 아령 등을
집에 마련했다.

장시간 컴퓨터를 봐야하는
남편과 나의 눈 건강을 위해
온열 눈마사지기를 장만했다.

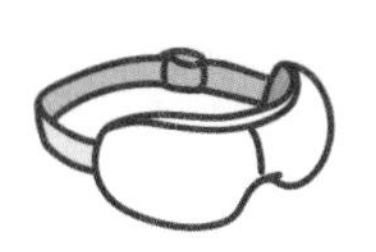

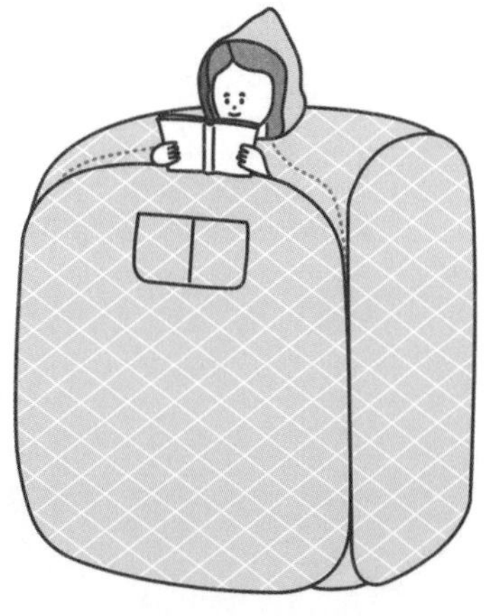

목욕탕에 가는 걸 즐기는 편이라 고민 끝에
가정용 한증막을 들였다. 끓는물의 수증기를
이용해 습식 사우나처럼 이용할 수 있다.
손을 빼는 공간이 있어 독서도 가능.

시시한 미니멀리스트 아내를 둔 남편의 일기 … 2

미니멀 라이프 청소 편

아내는 매일 바닥을 물걸레로 열심히 닦는다. 덕분에 우리 집 마루는 늘 상쾌하고 기분이 좋다. 아내에게 참 고맙다. 아내는 미니멀 라이프를 하면서 매일매일 주변을 정갈하게 관리하는 것이 대단히 중요한 습관이고 품위 있는 삶을 유지하는 기초가 된다는 사실을 깨달았다고 한다. 그리고 미니멀 라이프로 인해 본인에게 좋은 변화가 생긴 것 같다고 뿌듯해한다.

그런데 어제오늘 아내의 피부에 기름이….
아내가 세수를 이틀째 안 한 것처럼 보이는 건 그저 내 오해일 것이다. 그럴 리가 없다. 매일매일 정갈하게 관리하는 것이 대단히 중요하다고 강조하는 나의 아내인데 말이다. 나는 아내를 믿고 사랑한다.

아내는 미니멀리즘 인테리어를 콘셉트로 우리 집을 아름답게 공사하는 데 애를 많이 썼다. 아내는 집에 물건을 많이 두지 않는 미니멀리즘 인테리어는 물건보다 거주하는 사람을 존중하고 편하게 하려는 의도라고 강조했다. 아내의 그런 모습은 참 멋지다.
그런데… 나는 집에 들어올 때마다 숨바꼭질을 하고 있는 것 같다. 우리는 욕실 맞은편에

있는 부엌 반장 가구 안에 칫솔을 두고 쓴다. 반장 가구 안에 욕실용품을 놓고 쓰는 건 나도 대찬성이고 불편함이 없다. 하지만 종종 칫솔이 제자리에 보이지 않는다. 아내한테 물어보면 "아 깜박했네. 발코니에 있어" 한다. 낮에 햇빛에 살균시킨다고 발코니에 두는 모양이다. 그래서 지금은 칫솔이 반장 가구 안에 없으면 알아서 발코니에 숨어 있는 칫솔을 터치하러 가는 술래가 된 기분이다. 내 칫솔을 건강하게 관리해주려는 아내의 노력에 감격스러울 뿐이다.

아내는 노트북을 사용하고 나는 데스크탑을 쓴다. 퇴근하고 돌아와 컴퓨터를 쓰려고 보니 키보드도 마우스도 보이지 않았다. 아내에게 물어보니 모니터 커버 뒤편 수납 주머니에 들어 있다고 한다. 꺼냈다. 그런데 또 무언가에 덮여 있다. 키보드를 보호하기 위해 커버를

씌운 것이다. 미니멀 라이프는 가지고 있는 물건 하나하나를 소중하게 관리하는 거라고 한다.

메일 하나 쓰려고 했을 뿐인데 뭔가 복잡하다. 수납 주머니에서 키보드를 빼고 키보드를 씌우고 있는 커버를 벗기고… 휴… 조금 힘들다. 그런데 마우스와 마우스 패드는 어디에 있지? 키보드 연결선은? 그냥 스마트폰으로 메일을 써야겠다.

아내의 미니멀 라이프 덕분에 나의 즐거운 숨바꼭질은 계속되고 있다. 안방 콘센트에 꽂혀 있던 내 핸드폰 충전기는 또 어디에 숨긴 걸까….

아내는 앞으로는 충전기를 서랍 안에 두고 충전할 때만 빼놓자고 한다. 최대한 미니멀한 집 분위기를 만들고 싶다면서. 난 아내의 그런 의견을 백 퍼센트 존중한다.

그런데 아내의 노트북 주변은 어째서…. 내 핸드폰 충전지 하나 밖에 나와 있는 것보단 아내 노트북 주변에 나와 있는 물건이 훨씬 많아 보이지만 나는 아내를 사랑하기에 말을 아끼겠다. 사랑하니까.

미니멀 라이프 살림 편

셔츠를 입으려고 보니 구김이 가 있는데 우리 집엔 다리미가 없다. 아내는 걱정하지 말라고 하더니 냄비를 뜨겁게 달구기 시작한다. 그러고는 뜨거운 냄비 바닥으로 주름을 펴주겠다고 한다. 그런데 막상 그 주물냄비로 다림질이 잘 안 되는 것 같아 보인다. 아내는 다른 냄비를 사야 하나 고민에 빠졌다. 그냥 다리미를 사면 안 되겠냐고 말하고 싶지만 나는 아내의 미니멀 라이프를 존중하기에 말을 아낀다.

그런데… 궁금한 게 하나 있다. 아내가 반짇고리를 새로 하나 장만했다. 좀 된 것 같다. 미니멀한 디자인이라고 매우 맘에 들어 했다. 내 바지의 구멍 난 주머니를 꿰매주려고 산 걸로 아는데 내 주머니는 여전히….

하지만 나는 이해한다. 왜냐하면 나의 아내는 매우 바쁘기 때문이다. 케첩으로 수전을 청소하고, 기름으로 냄비를 관리하고, 발코니에서 칫솔을 살균시키는 등 성실하게 미니멀 라이프를 하느라 바느질할 짬이 없겠거니 하고 생각하면 충분히 이해가 간다.

PART 3 | 쉼표로 내 마음 위로하기

단순하게, 자연스럽게 거리두기

미니멀리스트란 불행한 미래를 피하는 사람

"단순할수록 미래는 더 안전하다."

도미니크 로로의 《심플한 정리법》에서 이 문장을 읽고 불현듯 잊고 싶었던 씁쓸한 지난날이 떠올랐습니다. 과거에 외국에서 잠시 홀로 생활할 당시 부모님의 경제적 지원을 받으며 철없이 함부로 물건을 사들였습니다. 학생 신분임에도 타운하우스의 넓은 집을 렌트하고 가전과 가구를 생각 없이 구매했습니다. 전면이 통유리로 제작된 거실에 전망도 훌륭했습니다. 거실에는 새 소파를 사고 러그를 깔고 테이블을 놓았습니다. 침실엔 원목 침대와 수납장도 구입하고 주방은 유행하는 주방기기와 식기로 꽉 채웠습니다.

혼자 살기엔 턱없이 넓은 그곳을 온갖 물건으로 치장한 것입니다. 그때는 그게 행복이고 특권이라고 착각했습니다. 하지만 많은 짐을 소유하면서 비극은 시작됩니다. 당시엔 주변에 가족도 친구도 없으니 한국 사람만 봐도 마냥 반갑고 금세 친해졌습니다. 그곳에서 만난 사람들과 자주 어울리게 되었고 마침 집을 구하던 친구가 남는 방으로 들어오게 됐습니다. 시트콤에 나오는 셰어하우스처럼 아는 친구들과 재미나게 지내는 그림을 기대했지만 현실은 그렇지 못했습니다.

그 결과를 남의 탓으로 돌리려는 건 아닙니다. 인간관계란 양쪽의 입장이 있는 것이니까요. 나도 그들의 시선에서 보면 하자 많은 사람일 것이므로 당시의 인간관계에 대해 하소연하려는 것이 결코 아닙니다. 문제는 당시 내가 너무 많은 짐에 둘러싸여 있었기 때문에 그 상황에서 쉽게 벗어나지 못했다는 점입니다. 너무 괴로운 관계를 끊고 싶었지만 그때마다 집과 짐이 마음에 걸렸습니다.

차라리 내가 집을 떠나고 싶지만 임대계약을 파기하면 나오는 위약금과 큰돈을 들여 장만한 새 가구와 가전을 대체 어떻게 정리해야 할지 막막하기만 했습니다.

제 물건이 인생의 발목을 잡는 존재가 되자 모든 것이 달라 보였습니다. 최신형 주방기구와 가전들이 끔찍했답니다. 아름답게 꾸민 욕실이 답답했습니다. 많은 이들이 감탄했던 거실 전망도 보기 싫었답니다. 솔직히 그냥 다 포기하면 해결될 일이었지만 본전 생각이 나고 물건들도 아까웠습니다. '탐욕'을 버리지 못한 채 괴로운 나날을 보내다 상처는 상처대로 받고 결국 가방 하나만 달랑 들고 한국으로 돌아왔습니다. 제 사정을 딱하게 여긴 지인이 현지에서 짐과 집을 정리하는 데 도움을 주긴 했지만 금전적 손해는 상당했습니다.

당시 적지 않은 데미지를 입었음에도 옭아매던 물건들이 사라지자 신기하게도 무거운 짐을 벗어던진듯 마음 한 편은 너무 편했습니다. 그리고 새로 인생을 시작할 자신이 조금씩 생겼습니다. 이후 미니멀 라이프를 알게 되면서 이때의 경험이 오히려 인생 공부라 여기게 되었답니다.

만약 당시 내가 가방 하나로 훌쩍 떠날 수 있을 정도의 짐만 소유했다면 조금 더 빨리 불행한 상황에서 벗어날 수 있었겠지요. 대부분 사람들은 학업, 결혼, 직장 같은 미래에 대한 결정은 신중해야 한다고 조언합니다. 하지만 물건은 능력이 된다면 많이 소유해도 문제 될 게 없다고 쉽게 생각하는 경향이 있습니다.

넓은 집, 커다란 가구, 최신형 가전제품, 옷장을 꽉 채운 옷, 신발장에 가득 들어찬 신발, 화장대에 늘어선 화장품 등은 분명 그 자체만으로 풍요로운 삶을 보장하는 듯 아름답게 보입니다. 하지만 너무 성급하게 소유했을 경우엔 그 모든 것들이 미래를 불행하게 만드는 괴로운 짐이 될 수 있습니다. 이 일로 앞으로는 물건을 소유하는 일에 대해 신중하게 생각하고 천천히 결정해야겠다고 통감했습니다.

신혼집에 정식으로 입주하기 전 캐리어 가방만으로 이사를 할 정도로 짐을 줄이고 소비를 잠시 멈추었습니다. 내게는 꼭 필요한 물건만 가지고 살아가며 성찰하는 시간이 필요하다고 느꼈기에 서두르지 않기로 했습니다.

'이 물건을 사면 행복해질 거야'라는 섣부른 판단으로 조급하게 물건을 사기보다 이 물건이 있든 없든 행복해질 확신이 들 때까지 기다려도 늦지 않을 겁니다. 또한 진심으로 행복할 때는 물건을 빨리 소유해야 한다는 초조함도 사라진다는 것을 미니멀 라이프를 접하며 깨달았습니다. 앞으로도 그 물건이 발산하는 당장의 반짝임에만 끌리지 않고 곰곰이 미래를 그려볼 겁니다. 아무리 탐나는 물건이라 해도 경제적으로나 정신적으로 장차 어려움을 줄 요소가 있다면 과감히 포기할 거라 다짐합니다.

'단순할수록 미래는 안전하다'는 도미니크 로로 작가의 말에 제 생각을 조금 덧붙여봅니다. 단순한 삶이 행복을 보장해주지는 않습니다. 하지만 미래를 불행하게 만들지는 않을 겁니다. 제게 있어 미니멀리스트로 산다는 건 행복으로 가는 지름길이 아니라 불행을 피해 가는 안전한 노선입니다.

최소한의 기준에 맞춘 삶

미니멀리스트의 정의 중 하나는 최소한의 물건으로 생활하는 사람입니다. 미니멀 라이프를 추구하면서 이 '최소한'이란 단어가 제 가치관의 변화에 큰 영향을 주었답니다. 단순히 물건만 최소한으로 지니려 하는 것이 아니라 인생 전체에서 새로운 기준을 갖게 된 것이지요. 과거에는 '최대한'을 추구했다면 지금은 '최소한'에 기준을 두고 살아갑니다.

구체적으로 이야기해보면 이런 것들입니다. 남편을 만나기 전 제 이상형은 나를 최대한 행복하게 해줄 수 있는 사람이었습니다. 흔한 프러포즈 대사가 "이 세상에서 너를 가장 행복하게 해줄게"이듯 말입니다. 그런데 미니멀리스트라는 삶의 철학을 알고부터는 남편을 바라보는 제 마음이 사뭇 달라진 것 같습니다. '최대한'이라는 기준을 '최소한'으로 바꾸니 남편은 나를 최소한 불행하게는 만들 사람이 아니라는 믿음이 커졌고 흔들리지 않는 단단한 행복의 디딤돌이 세워진 기분이 들었습니다. 또한 내 행복을 세상의 다른 누구와 비교할 필요가 없어졌습니다.

만약 이 세상에서 가장 행복한 여자가 되어야 한다는 기준을 갖고 살았다면 내 삶이 그에 미치지 못한다고 느낄 때마다 우울하고 속상했을지도 모릅니다. 아울러 평범한 일상에 만족하지 못했을 것입니다.

삶의 포커스가 '최대한'에서 '최소한'으로 변화되자 많은 것에 감사하게 되었답니다. 예전에는 힐링 메시지를 담은 책에 쓰인 '작은 것에 감사하는 삶'이란 내용에 큰 감흥이 없었고, 성공한 스타 강사들이 '넘어져도 괜찮아요' 같은 말을 하면 반항아처럼 부은 얼굴로 고개를 젓곤 했답니다.

아직 갈 길이 멀지만 사소한 것부터 삶의 태도가 긍정적으로 바뀐 건 스스로 놀라운 일입니다. 예전엔 건강관리를 한다고 몸에 좋은 걸 최대한 많이 찾아 먹고 건강에 도움이 된다는 것을 이것저것 시도해보느라 분주했다면 지금은 '몸에 안 좋은 것을 멀리하자'라는 주의랍니다. 또한 과거에는 잘나가는 인맥들을 최대한 많이 알고 지내려 했다면 이젠 최소한의 인맥이지만 진실된 마음의 교류를 하는 게 편안합니다.

어릴 적부터 글쓰기를 좋아하고 글을 쓰는 직업에서 일했지만 순수하게 제 자신의 글을 쓴 적은 드문 것 같습니다. 남들에게 최고라고 극찬을 받을만한 글이 아니라면 차라리 처음부터 쓰지 않겠다고 생각했기 때문이랍니다(지금 생각하면 자다가 이불킥을 수차례 해도 부족할 오만입니다). 하지만 이제는 생각이 바뀌었습니다. 블로그를 처음 만들었던 시절엔 남편 외엔 정기적으로 찾아오는 분이 거의 없었습니다. 남편이 유일한 독자라 해도 내가 즐겁다면 충분하다고 생각했기에 꾸준히 글을 쓸 수 있었습니다.

과거에는 크게 성공해 부모님께 최고로 자랑스러운 자식이 되어야지 하는 마음만 있었다면 지금은 최소한 하루에 메시지 하나라도 드리면서 살갑게 안부를 물으며 실천하고 있습니다. 비록 짧더라도 최소한 하루에 한 번은 기도 드리기, 부부싸움으로 티격태격해도 최소한 출퇴근길 포옹은 잊지 않기, 만사가 다 귀찮더라도 최소한 설거지는 미루지 않기, 최소한 일주일에 두 번은 동네 산책을 하는 것. 제 일상은 이렇게 최소한의 기준으로 가득 차 있습니다.

최대치를 바라보고 맹렬하게 전진하면서 사는 삶과 '최소한'으로 만족하는 삶 중에 무엇이 더 낫다고 할 수는 없을 겁니다. 둘 다 그 나름의 값진 의미가 있다고 생각합니다. 다만 '최대한'의 기준만 앞세우던 내가 '최소한'의 기준으로도 삶이 꽤 괜찮아진다는 새로운 마인드를 얻은 것이 큰 기쁨이랍니다. 최소한의 기준을 가지고 살면 최고로 행복해지리라는 자신은 없지만 제 삶을 긍정적으로 받아들이는 힘만큼은 최대치로 늘어날 것이며 작은 실패에 낙담하는 일도 없을 거라 믿습니다.

'왕년의 나'를 미니멀하게 만들기

'왕년에 잘나갔었다'는 말은 지금의 상황은 별로 내세울 게 없어 보일지라도 과거엔 훨씬 화려했다는 아쉬움이 묻어 있습니다. 물건을 비우는 과정에서 스스로가 과거의 영광에 꽤나 미련이 남아있다는 것을 느끼는 순간이 많았습니다. 이전 회사에서 중요한 직책을 맡아 진두지휘했던 과정이 고스란히 담겨 있는 전리품 같은 물건을 큰 보물처럼 간직하고 있었기 때문입니다.

물론 열심히 살아온 흔적은 소중합니다. 문제는 그 물건들을 보면서 '아, 좋은 추억이었지' 하면 그만인 것을 '그래도 내가 이 정도 위치까지는 올라갔던 사람인데…' 하는 미련을 품고 지금의 처지를 초라하게 느끼는 것입니다.

일을 그만두고 한동안 굳이 누가 물어보지 않았는데 '제가 지금은 일을 잠시 쉬고 있지만 얼마 전까지 어디 어디에서 이런 일을 했었습니다'라며 구차한 변명 같은 과거 경력을 덧붙였습니다. 지금은 주부라고 스스로 소개하는 여유가 생겼지만 한때는 내세울 만한 직업이 없다는 사실에 열등감을 느낀 모양입니다. 많은 물건 중에서도 왕년의 나를 떠올릴 만한 물건을 버릴 때 눈물이 찔끔 나올 정도로 큰 각오가 필요했습니다.

애착이 크고 남다른 자부심을 지닌 물건이지만 버리기로 결심한 동기는 무엇보다 자신을 위해서였답니다. 왕년의 영광에만 얽매여 있고, 이미 끝나버린 경력에 집착하고, 과거의 인맥에 연연해하고, 한창 일할 때의 능력과 체력을 가진 나와 지금의 나를 비교하며 현재가 불만족스럽다는 생각에 빠진 나를 자유롭게 하고 싶었습니다. 미니멀 라이프를 통해 제 인생에서 가장 중요한 것은 과거도 미래도 아닌 현재라는 것을 알게 되었기 때문입니다. 내가 숨을 쉬고 살아 있는 현재를 놓치고 과거를 회상하며 거기에서 머무른다면 텅 빈 삶을 살아가는 것이나 마찬가지일 것입니다.

우연히 한 배우의 인터뷰를 보게 되었는데 그의 고백이 참 인상 깊게 다가왔습니다. 한때 왕년의 청춘스타였던 그는 주연 자리만 내내 도맡았습니다. 그런데 결혼과 이혼 등 여러 가지 삶의 고난을 거치고 나이가 들었다는 이유로 주연으로 제의받았던 드라마 역할이 촬영 전날 조연으로 바뀌었다고 합니다. 그것도 우아한 여주인공에서 시장에서 일하는 아줌마 역으로 말입니다.

자존심이 상해 어떻게 나한테 이런 대우를 하느냐고 항의하려 했으나 문득 그런 생각이 들었다는 겁니다. 내가 정말 원하는 것이 무엇인가? 나는 스타 자리를 원하는 것인가 아니면 배우가 되고 싶은 것인가? 그 대답은 배우라는 사실을 깨닫고, 조연 자리도 마다치 않고 감사한 마음으로 받아들일 수 있었습니다. 그 결과 그는 청순가련했던 이미지를 탈피하고 오히려 생활연기를 잘하는 배우로 거듭나 제2의 전성기를 맞았다고 합니다.

제가 감동받았던 포인트는 그가 과거의 화려했던 영광에 연연해하지 않았다는 사실입니다. 만약 그 배우가 주연 자리가 아니면 절대 하지 않는다는 기준으로 살았다면 허무함으로 내내 괴로웠을지도 모릅니다.

과거의 기준으로 지금의 모습을 평가하면 내가 초라하고 볼품없이 느껴질 때가 있습니다. 하지만 과거가 아무리 화려했다 한들 지금의 내 행복이 더 중요합니다. 마찬가지로 과거가 아무리 괴로웠다 한들 지금 평안하다면 과거사는 과거사에 지나지 않습니다.

왕년의 빛나던 순간들을 겸손하게 감사하고 행복하게 추억하면 충분합니다. 아울러 과거의 불행했던 일이나 부끄러운 점은 반성할 건 반성하되, 현재에 과거의 꼬리표를 달고 부정적인 생각의 수렁에 다시 빠져들지 않으려 합니다.

다른 이들에게 너무나 시시해 보일지 모르는 지금의 일상일지라도 내가 만족한다면 반짝반짝 빛나고 하루하루 웃으며 살아가게 되리라 믿습니다. 아울러 혹여 일을 다시 시작한다 해도 이전의 경력만을 내세워 인정받기보다는 지금 내가 할 수 있는 능력을 내세우고 싶답니다. 그래서 하루하루를 더 성실하게 살아갈 힘이 생깁니다.

과거의 영광보다는 현재의 행복이,
과거의 경력보다는 현재의 능력이,
과거의 타이틀보다는 현재의 제 이름이 더 소중합니다.
그것이 제가 '왕년의 나'를 미니멀화 시킨 이유입니다.

돈으로 행복을 산 미니멀리스트

오래 전부터 해외 구호개발단체인 굿네이버스를 통해 아프리카 말라위에 사는 까만 눈동자가 참 예쁜 '밀리카'라는 소녀를 정기후원하고 있습니다. 그런데 도미니크 로로 작가의 《심플한 정리법》을 읽다가 '그 값어치가 아무리 작은 것이라 할지라도, 자신의 자아까지 나누어 주는 것처럼 그 나눔의 행위에 완전히 몰입해야 합니다'라는 문장에 뜨끔하고 말았습니다.

그동안 카드 결제금 빠져나가는 것처럼 자동이체로 돈만 냈을 뿐 진심을 다하지 못했습니다. 요즘 말로 영혼이 없었던 것입니다. 밀리카에게서 매년 사진과 편지를 받아왔지만 자세히 본 적은 별로 없습니다. 진정한 나눔이란 마음이 우선시되어야 한다는 내용을 되새기며 밀리카에게서 그동안 받은 많은 사진과 편지를 다시 꺼내 보았답니다. 그러다 사진에서 놀라운 공통점을 발견했습니다.

밀리카는 줄곧 체격에 비해 지나치게 큰 어두운 보라색 원피스만 입고 있었던 겁니다. 사진을 찍을 때만 입는 옷일 수도 있지만 이 헐렁한 보라색 옷이 소녀가 정말 좋아하는 옷은 아닐 것 같다는 생각이 들었습니다. 밀리카는 첫 소개 글에 자신이 좋아하는 색은 핑크색이라고 했기 때문입니다. 저는 정말로 둔하고 무심한 후원자였습니다.

문득 핑크색 옷을 입고 싶었지만 모던한 색을 좋아하시는 부모님께 사랑받고 싶다는 어린 마음에 무채색 옷을 군소리 없이 입었던 제 유년시절이 떠올랐답니다. 몇 년 동안 사진에서 줄곧 보라색만 입고 있는 밀리카는 어린 시절의 제 모습과 어딘가 닮아 보였습니다.

마침 생일을 맞은 밀리카를 위해 정기후원금 외에 추가로 후원금을 보내기로 했습니다. 기관에선 추가 후원금으로 최대한 아동이 원하는 물품을 구매해주신다 합니다.

후원금을 보내고 밀리카의 편지와 사진이 도착했습니다. 사진 속 밀리카는 지금껏 보지 못한 환한 웃음을 지으며 사랑스러운 레이스가 달린 핑크색 꽃이 그려진 원피스를 입고 있었습니다! 밀리카는 구호단체 직원분과 함께 시장에 나가 주저 없이 사진 속 원피스를 골랐다고 합니다. 기특하게도 가족들을 위해 옥수수를 비롯한 식료품도 함께

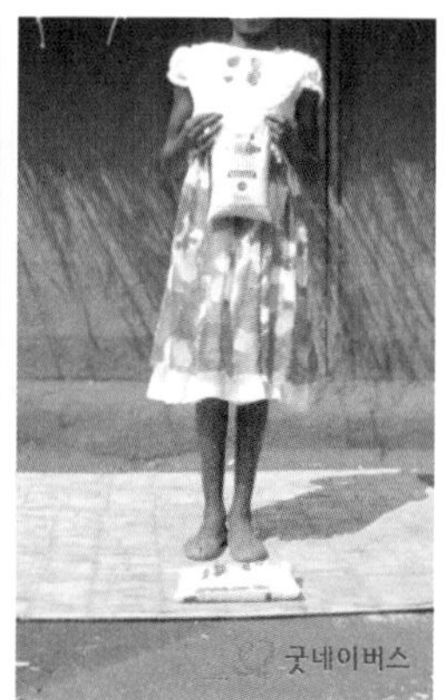

구입했다고 하네요.

함께 온 편지엔 핑크색으로 칠해진 사람도 그려져 있었습니다. 밀리카가 원피스를 선물로 받고 얼마나 기뻐했는지 고스란히 느껴지는 사랑스러운 그림입니다. 제 마음도 분홍빛으로 물든 것처럼 설레고 기뻤답니다.

밀리카의 편지는 "잘 지내세요? 저는 잘 지내고 있어요. 제 생일선물을 보내주신 후원자님께 너무 감사드려요. 너무 행복했고, 드레스도 너무 마음에 들어요"라고 번역이 되어 있었습니다.

'너무 행복했고, 드레스도 너무 마음에 들어요' 이 문장을 읽는데 주책맞게 눈물이 그렁그렁 고여 흘렀답니다. 마음이 우선이 되는 나눔은 상대의 삶뿐만 아니라 나의 삶까지 바꾸는 힘이 있습니다. 미니멀리스트가 되기로 했다고 해서 수도승처럼 절제하며 사는 건 어렵지만 이전과는 조금은 다른 생각으로 소비하려 노력하고 있습니다. 조금 더 행복하고 가치 있게 소비하는 방법도 있다는 것을 인식하며 살고 싶습니다.

흔히들 돈으로 사랑과 행복은 못 산다고 말합니다. 그런데 저는 정말 운이 좋은 사람인가 봅니다. 돈으로 이토록 큰 행복과 사랑을 손쉽게 얻었기 때문입니다. 그것도 단돈 몇만 원으로 말입니다. 이거야말로 평생 자랑할 만한 대단한 '득템'이 아닐까 싶습니다. 덧붙여 제게 필명으로 자신의 이름을 쓰도록 허락해준 밀리카에게 고마움을 전합니다.

'미니멀'일 수 없는 엄마의 사랑

잠시 병원 신세를 지고 퇴원한 적이 있습니다. 집에 돌아오니 탁자 위엔 딸기 상자가 켜켜이 쌓여 있고 바닥엔 개별 포장된 고기가 가득 펼쳐져 있었습니다. 딸의 입원 소식에 노심초사하신 엄마가 주변을 수소문해 질 좋은 것으로 한가득 보내신 겁니다.

그 양에 놀란 저는 엄마에게 전화를 걸어 "엄마, 이거 우리가 먹기엔 너무 많아" 하며 툴툴거렸습니다. 그러자 옆에 있던 남편이 잽싸게 전화기를 가져가더니 "장모님 딸기도 싱싱하고 소고기도 너무 맛있어 보여요. 귀한 거 구해주셔서 고맙습니다. 제가 잘 챙겨 먹일게요" 하고 엄마를 안심시켰습니다. 그런 속 깊은 남편의 모습을 보니 '나는 덩치만 어른이지 여전히 마음은 한 치도 자라지 않았구나' 하고 부끄러워졌답니다.

미니멀 라이프를 한다고 했을 때 부모님께서는 격려와 응원을 아끼지 않으셨습니다. 자기 방 청소 한번 제대로 한 적 없는 딸이 이제야 조금이라도 나잇값을 하는 건가 안도하셨는지도 모릅니다. 하지만 미니멀 라이프를 어설프게 흉내 내기 시작하면서 집에 물건을 두는 것에 지나치게 예민한 반응을 보이기도 했습니다. 엄마가 딸 생각해 챙겨주시려는 것들을 감사하기보다는 "뭘 이렇게 많이 주세요" 하며 정색했던 일들이 떠올랐습니다.

그때마다 엄마는 많이 서운하셨겠지요. 오히려 타고난 미니멀리스트인 남편은 양가 부모님께서 뭔가를 챙겨주시면 늘 함박웃음으로 감사하게 받았습니다. 덕분에 엄마의 넘치는 사위 사랑을 한 몸에 받아 결혼 후 옷 가짓수가 인생 최대로 많아졌다고 합니다. 엄마가 사위에게 잘 어울릴 것 같다고 무언가 주시면 남편은 "장모님 안목이 높으셔서 제가 덕분에 나가면 멋쟁이 소리를 들어요"라고 합니다. 돌이켜보면 부모님께서 챙겨주시는 물건이라고 해봤자 다 수용 가능한 범위인데 괜히 유난을 떨었던 제 자신이 모순적으로 느껴집니다.

미니멀 라이프를 하는 근본적인 목적이 무엇인지 다시 되짚어봅니다. 바로 가장 소중한 것에 집중하기 위함입니다. 가족과의 사랑이야말로 세상에서 가장 소중한 것이겠지요. 엄마가 주시는 딸기와 소고기는 단순히 음식이 아니라 사랑일 것입니다. 이 세상 어느 누가 제가 입맛이 없을 때 딸기와 소고기를 잘 먹는 것을 기억하고 이렇게 챙겨 보내줄까요. 그 안에 담긴 엄마의 사랑을 미처 보지 못한 얄팍한 제 미니멀 라이프를 거둬봅니다.

주변에 물어물어 실한 딸기를 찾아 잔뜩 사실 때 엄마의 눈동자는 어쩌면 딸기처럼 빨갛게 충혈되어 있었을지 모릅니다. 자식이 아파 입원까지 하고 나왔다는 것에 속이 상하셔서 남몰래 눈물 흘리셨을 엄마니까요. 자식 입에 들어갈 생각에 엄마는 소고기 한 점 드시지 않아도 배가 든든하셨을까요. 그런 생각을 하니 엄마가 보내주신 딸기와 소고기가 더욱 귀하게 보입니다. '나는 평생 엄마를 위해 딸기 한 알, 소고기 한 점 귀한 마음으로 대접해드렸던 적이 있었나?' 하는 반성도 해봅니다.

엄마한테 받는 것을 마냥 당연하게 여기기만 했습니다. 어린 시절 형편이 넉넉하지 않았던 때에도 소고기뭇국을 끓이면 소고기는 모두 건져 제 국그릇에 넣어주시던 엄마의 사랑이 있었기에 경제적 결핍을 모르고 구김살 없이 자랄 수 있었다고 생각합니다.

소고기를 구워 밥 한 그릇을 비우고 딸기를 먹고 나니 기분 좋은 포만감이 느껴집니다. 마치 영원히 미니멀일 수 없는, 충만한 맥시멈일 수밖에 없는 엄마의 사랑처럼 말입니다.

우리는 젊고, 갓 결혼했고, 햇볕은 공짜였다

남편과 한동안 외국에 나가 셰어하우스에서 지낸 적이 있습니다. 9명이 함께 쓰는 집으로 무척 저렴했습니다. 방은 책상, 매트리스, 빨래 건조대만으로 꽉 찰 정도로 작았지만 가난한 학생 신분이라 최소한의 경비로 살기엔 더할 나위 없는 집이었답니다. 난방시설이 따로 없어 햇빛이 사라지는 겨울밤엔 매우 추웠습니다. 추위를 많이 타는 편이라 종종 감기에 걸렸지만, 자잘한 감기는 시간이 약이려니 하고 그냥 버텼답니다. 제가 아플 때마다 남편은 이불을 턱밑까지 끌어올려 주고, 자기 몫의 이불까지 두 겹으로 덮어주었습니다.

지금도 음식 솜씨는 부족하지만 그 당시엔 더 심각했답니다. 김밥을 만들어주겠다고 큰소리쳤지만 옆구리가 터지는 게 일상다반사였지요. 남편은 오히려 "통채로 손에 들고 먹으니 더 맛있네"라고 위로 해주었습니다. 터진 김밥을 손으로 어렵게 감싸고 먹던 남편 모습을 떠올리면 지금도 미안한 마음과 함께 웃음이 납니다.

김치가 너무 먹고 싶었지만 '금치'라 할 정도로 비싸 배추 두 포기를 사 난생 처음 김치를 담그기도 했습니다. 인터넷을 검색해 찾은 레시피로 남편과 의기투합해 겨우겨우 완성한 김치는 지독히 짜고 묘한 맛이었지만 우리에겐 너무 귀한 김치였기에 "시간이 지날수록 점점 먹을만해"라며 서로에게 거짓말 같은 격려를 해주었답니다.

과일이 한국보다 저렴한 편임에도 '돈 모아 배추 사서 김치를 담가야지' 하며 마켓의 무료 시식으로 만족했습니다. 고급 브랜드의 캔디를 먹고 싶었으나 "사탕보단 김치"라고 내려놓는 저를 보고 남편이 저렴한 아이스크림을 컵에 가득 담아 그 위에 초콜릿을 토핑해 주었답니다. 이게 더 달달할 거라고 하면서 말입니다.

꽃을 좋아해 화원 근처에서 한참을 서성대기도 했답니다. 남편이 사준다 해도 '이 돈이면 김치를 살 텐데…(애증의 김치였습니다)' 하며 향기만 듬뿍 맡고 말았습니다. 그런 제게 남편은 길에 떨어진 꽃을 종종 선물이랍시고 주었답니다. 그러면 저는 또 좋다고 머리에 꽂고 다녔습니다(지금 생각해보면 머리에 꽃을 꽂으면 남편이 살짝 떨어져 걸었던 거 같습니다).

한국에서처럼 문화생활을 즐기거나 외식을 할 여유도 없으니 두 발로 열심히 돌아다녔습니다. 가끔은 한적한 놀이터에서 신기한 놀이기구도 마음껏 탔습니다. 사람들이 공원 잔디에 드러눕는 광경을 보고 공원에 가서 일광욕도 하고 가끔은 싸구려 와인 한 병을 챙겨 가 폼을 잡으며 피크닉을 하는 호사도 누렸답니다. 마음이 답답한 날엔 바다가 보이는 벌판에 가서 어린 시절처럼 뛰어다니기도 했습니다. 풍경이 멋진 장소나 관광지에 가면 기념품 살 형편이 안 되었기에 함께 하트를 그리며 추억을 사진으로 남겼습니다.

그 시절을 추억하다 보니 일본 소설가 무라카미 하루키의 단편 〈치즈케이크 모양을 한 나의 가난〉이 떠오릅니다. 신혼부부가 12등분 한 동그란 케이크의 한 조각을 닮은듯한 뾰족하고 작은 삼각지대에 살게 됩니다. 양옆으로 온종일 화물을 실은 열차가 다니기에 엄청난 소음으로 유리창이 흔들리는 형편없는 집이었습니다. 추울 땐 키우는 고양이와 부둥켜안고 서로의 체온으로 견딥니다. 너무 가난했지만 작은 다다미방에 들어오는 햇볕에 감사하며 행복해한다는 내용입니다. 하루키의 실제 신혼 시절을 연상케 하는 자전적 느낌의 단편에서 주인공은 그 시절을 이렇게 회상합니다.

"우리는 젊고, 갓 결혼했고, 햇볕은 공짜였다."

눈물이 핑 돌 정도로 멋진 표현입니다. 심플한 삶이란 단어를 읽을 때면 저희가 머물렀던 그 작은 방이 종종 그려집니다.

비록 작았지만 창이 커서 건조대에 빨래가 금세 뽀송뽀송하게 마를 정도로 햇볕은 늘 넘치도록 넉넉했습니다. 매트리스는 좁고 삐걱거렸어도 제가 잠들 때까지 챙겨주는 남편이 있어 푹 잘 수 있었답니다. 돈이 부족해 음료를 한 잔만 주문했지만 한 손이 남아 다정하게 손을 맞잡고 있었습니다. 외식비가 비싸 도시락을 준비해 다녔기에 매일이 피크닉과 다름없었습니다.

제가 이런 이야기를 하는 건 어쭙잖게 '돈보다는 정신적 행복이 우선이다'라거나 혹은 '우린 완벽한 금실의 부부다'를 말하고 싶은 것이 아닙니다. 저희는 사소한 일로 자주 삐지고 투닥거리는 현실적인 커플이고 저는 '낭만'과 '사랑'만으로 살기에 충분치 않은, '돈'이 매우 소중한 속물에 가까운 사람입니다. 경제적 여유로 느끼는 행복이 참 편안하고 좋습니다. 다만 미니멀 라이프를 통해 물질적인 풍요로움에만 집중하지 않고 다양한 가치에서 행복의 조건을 탐색할 수 있게 되어 참으로 다행입니다.

그렇기에 지금 누리고 있는 풍요에 감사하고 낭비하지 않고 저축을 위해 노력하며 살겠지만 거기에 전부를 걸고 아등바등 살진 않길 바랍니다. 그리고 지금보다 빈곤해질지라도 크게 좌절하지 않을 자신이 조금은 생겼습니다.

남편과 함께 잠시 외국에 나가게 되어
셰어하우스에서 지낸 적이 있습니다.
9명이 함께 쓰는 집으로 컨디션이
좋진 않았지만 무척 저렴했습니다.
방은 책상, 매트리스, 빨래 건조대만으로
꽉 찰 정도로 작았지만 창이 커서
해가 잘 들고 건조대에 빨래가 꽉 차도
금세 뽀송뽀송하게 마를 정도로
햇볕만큼은 넉넉했습니다.

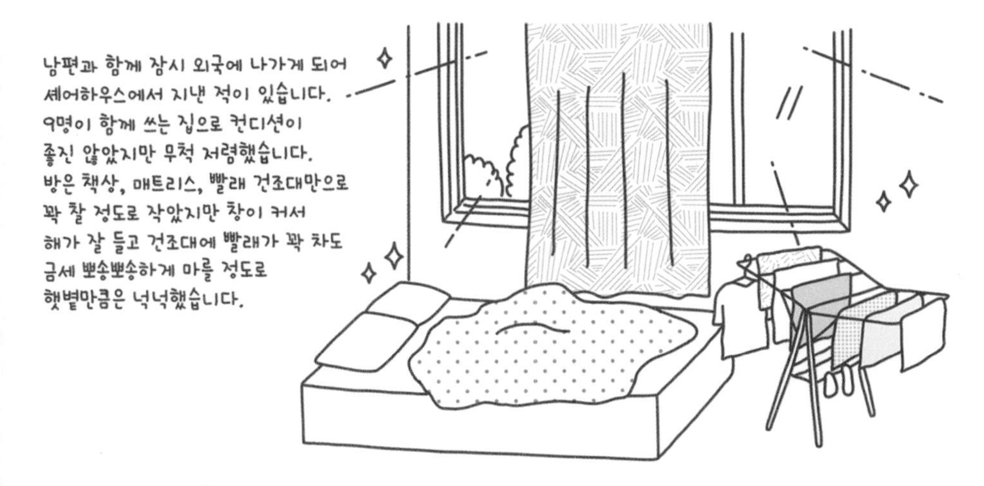

매트리스는 좁고 가끔 삐걱거렸어도
제가 잠들 때까지 챙겨주는 남편이 있어
푹 잘 수 있었답니다.

외식비가 비싸 도시락을 준비해 다녔기에
매일매일이 피크닉과 다름없었습니다.

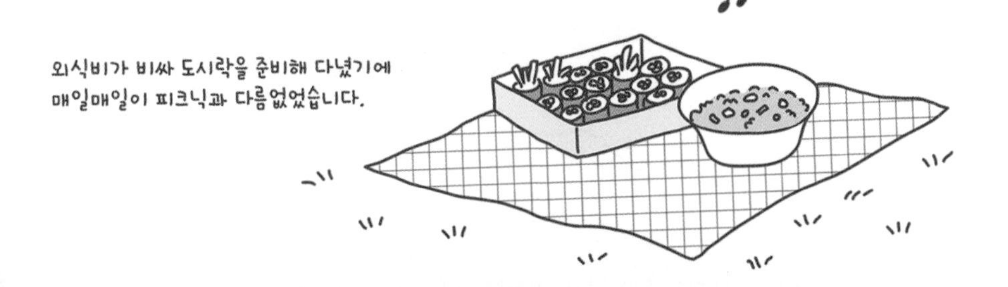

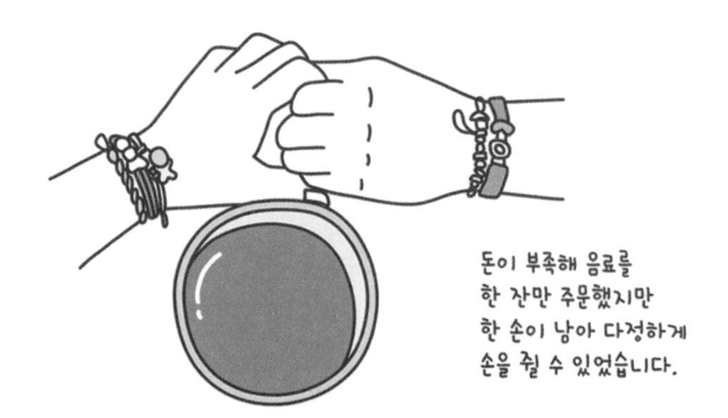

돈이 부족해 음료를
한 잔만 주문했지만
한 손이 남아 다정하게
손을 쥘 수 있었습니다.

당시엔 남편이 어린 딸 챙기듯
높이 안아 올려 주기도 하고
빙그르르 돌려주며 신나게 놀아주었답니다.
저는 덩치도 잊고 어린 시절로 돌아간 듯
신이 났습니다(이후 남편이 허리가 아프다
할 때마다 미안한 마음입니다…).

풍경이 멋진 장소나 관광지에 가면
기념품 살 형편이 안 되었기에
함께 하트를 그리며 사진으로
추억을 남겼습니다.

나중에 시간이 많이 흘러 남편과 함께한 시간을 이렇게 회상하고 싶습니다.
"우리는 사랑했고, 심플하게 살았고, 행복은 공짜였다."

염치없는 사람이 되길 소망하다

미니멀 라이프가 던지는 물음은 무엇을 비우느냐가 아니라 무엇을 남기느냐에 있다고 합니다. 그건 단순히 물건만을 의미하는 것이 아니라 삶에서 최종적으로 어떤 것을 남기느냐를 묻는 것이라고 생각합니다. 거기에 대한 답을 피천득 선생님께서 생전에 유언장으로 남기셨다는 글에서 얻은 것 같습니다.

> 신기한 것, 아름다운 것을 볼 때 살아 있다는 사실을 다행으로 생각해 본다. 그리고 훗날 내 글을 읽는 사람이 있어 '사랑을 하고 갔구나' 하고 한숨지어 주기를 바라기도 한다. 나는 참 염치없는 사람이다.

선생님의 수필 〈만년晩年〉의 마지막 문장을 읽으면서 마음이 저렸습니다. 훌륭한 사람으로 인정받기보다는 사랑을 하고 간 사람으로 기억되고 싶다는 피천득 선생님. 감히 흉내에 불과하겠지만 나도 그리 살고 싶다는 소망이 생겼습니다.

만약 오늘이 생의 마지막이라면 남겨진 제 흔적은 어떤 것일까 살펴봅니다. 창틀에는 남편과 아침에 하나씩 나눠 먹으려고 반숙으로 찐 달걀 두 알이 사이좋게 놓여 있고 식탁 위에는 저녁 티타임에 함께 먹을 붕어빵 두 개가 있습니다. 집 안을 둘러보다 생각에 잠깁니다. 누군가 이 모습을 본다면 우리 부부가 서로 무척 사랑하며 살았구나 하고 느껴주지 않을까 하는 기대가 듭니다.

미니멀 라이프가 무엇을 남기느냐에 대한 질문이라면 제 답은 사랑하며 산 흔적만 남기길 바란다는 것입니다. 세상을 떠나고 다른 이들에게 사랑을 하고 간 인생으로 기억되길 바라는 것이 염치없는 거라면 나는 참 염치없는 사람입니다.

미니멀한 선물교환

가끔은 서로에게 미니멀한 선물을 준비합니다.
금액은 너무 크지않고,
유용하면서도 기쁨이 될,
기발한 아이템!
며칠 후 선물교환
자기야 내가 준비한 선물은 말이지~
?
싱글
벙글
화이트 색상에~ 필수 생활용품이자,
생활용품?
혹시… 냉장고를 한 대 더?
인테리어에도 한몫하는 거야!
그렇다면… 캔들?
디퓨저?
향수~?
그건 바로-
짜잔~!
앗!!!
순백의 때수건이었습니다.
얼마 전
흰색 때수건 사고픈데 배송비가 붙네~ ○○동에 직접 가야 하나~
쫑긋-
제 말을 기억하고 선물해준 것입니다.
고마워 자기야~♥
맘에 드니 다행이네~
내 선물은 뭐야?
기대
기대
제가 남편에게 선물한 건 바로, 흰색 키보드!
하하… 조명도 되고 아주 좋네!
번쩍
번쩍
화려한 컬러로 불이 들어오는 깜짝 기능도 있답니다!

시시한 미니멀리스트 아내를 둔 남편의 일기 … 3

퇴근길에 아내가 만두를 부탁했다. 나는 고기만두 아내는 김치만두를 먹기에 반반으로 포장해 왔다. 그런데 우리 집엔 간장 담을 종지가 없다. 아내는 걱정하지 말라며 작은 술잔을 꺼낸다.

물건 용도의 편견을 버리며 다양하게 활용하는 것이 미니멀 라이프라면서. 술잔에 간장을 담더니 아내가 시범을 보여주었다. 굳이 종지를 살 필요가 없다는 것을 강조하면서 말이다. 이렇게 쏙 간장을 찍어 먹으면 된다면서 김치만두를 맛있게 먹는다. 나는 그런 아내의 미니멀 라이프를 존중한다.

다만… 내 고기만두는 왕만두다….

자기야, 내 왕만두는 간장을 찍어 먹을 수가 없네….

내가 혹여 짜게 먹을까 봐 간장 없이 만두를 먹게 하는 아내의 배려심인 것 같다. 이렇게 고마울 수가….

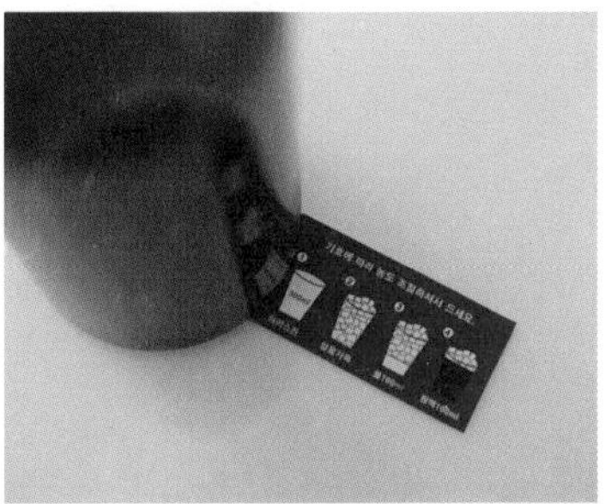

그런데 자꾸 어릴 적 읽었던 이솝우화 여우와 두루미가 생각난다.

여우, 너의 마음 이제 이해된다.

아내가 김치만두를 간장에 찍어 맛있게 먹었으면 그걸로 나는 행복하다. 진심이다. 다음엔 아내가 먹을 김치만두를 왕만두 크기로 사 올 생각은… 추호도…없…다….

아내는 간혹 미니멀리즘 인테리어를 위해 물건 상표를 떼어놓는다. 처음엔 당황스러웠지만 나중에 분리수거를 할 때 더 철저하게 하려는 아내의 의도임을 알고 이해가 되었다. 그런데 종종 문제가 생길 때도 있다. 아내가 선물 받은 커피의 내 몫을 남겨놓았다고 하길래 탁자 위에 있는 작은 플라스틱병에 반 정도 들어 있던 커피를 원샷했다.

그런데 아내가 보더니 비명을 지르는 것 아닌가. 알고 보니 1초에 한 방울씩 내렸다는 더치커피였다. 원액이라 물에 희석해서 마셔야 한다고 한다. 어쩐지 좀 맛이 썼다. 아내가 상표를 미리 떼어놓아서 내가 미처 못 본 것이다. 아내 덕분에 1초에 한 방울씩 내린 귀한 커피를 나는 단숨에 마시는 영광을 경험했다.

비록 더치커피를 원액으로 마시게 했지만 내 아내는 다정한 사람이다. 퇴근하고 집에 오면 아내는 내게 따뜻한 차를 준다. 추운 날씨에 퇴근 후 아내와 함께 차를 마시면 행복하다. 그런데 간혹 차에서 신기한 맛이 날 때가 있다. 차에서 카레 맛이 나는 것 같다고 하니 아내가 크게 웃는다.
"이틀 동안 카레를 담아두었던 냄비로 물을 끓여서 그런가. 설거지를 했는데 냄새가 아직 안 가셨나 봐."

그러고 보니 차에서 카레 맛을 포함해 여러 가지 음식 냄새가 간혹 나는 건 냄비 하나로 모든 요리를 하고 물을 끓이기 때문인가 보다. 아내는 전기 포트 대신에 냄비로 물을 끓여 찻주전자에 옮겨 담는다. 전기 포트는 전기세가 낭비되니 굳이 살 필요가 없다고 한다.
근데 자기야, 우리 집 전기레인지잖아…. 냄비로 전기레인지에 물 끓이는 것도 전기로 하는 건데…. 그냥 전기 포트를 하나 사자고 말하고 싶지만 아내의 미니멀 라이프를 존중하기에 말을 아꼈다.
한번은 차에서 김치 맛이 나는 것 같다 하니 이번엔 국자가 없어서 머그컵으로 김치찌개를 떠서 그런 것 같다며 천진하게 웃는다. 나는 아내 덕분에 세상 어디에서도 맛보기 어려운 카레 맛 차, 김치찌개 맛 커피를 마셨다. 새로운 맛에 눈뜨게 해준 아내에게 고마울 따름이다. 아울러 퇴근하고 돌아와 차를 마시면 아내가 오늘 점심과 저녁으로 집에서 무엇을 먹었는지 알게 되니 여러모로 부부 사이도 돈독해지는 것 같다. 그저 마음속으로 국자와 전기포트가 있어도 괜찮지 않나 하고 생각할 뿐이다.

아내가 냄비에 물을 끓일 때 베이킹소다를 넣으면 냄새가 안 난다는 비법을 알아냈다고 기뻐했다. 이제 국자에 대한 희망을 접어야 했는데 드디어 아내가 국자를 샀다!!!

겉으로 티를 내진 않았지만 진심 기뻤다. 국자 하나에 이렇게 기뻐하게 되는 건 다 아내의 미니멀 라이프에 대한 철학 덕분이다. 물건이 많으면 절대 못 느낄 감정일 테니까. 김치찌개를 국자로 덜고 샤부샤부 국물을 국자로 뜰 때마다 국자에게 진심으로 감사하고 행복하다. 내 친구들은 집에 커다란 가전이 들어오면 단체 카톡 방에 올리던데 나는 국자가 집에 들어왔다고 자랑하며 올려볼까 한다.

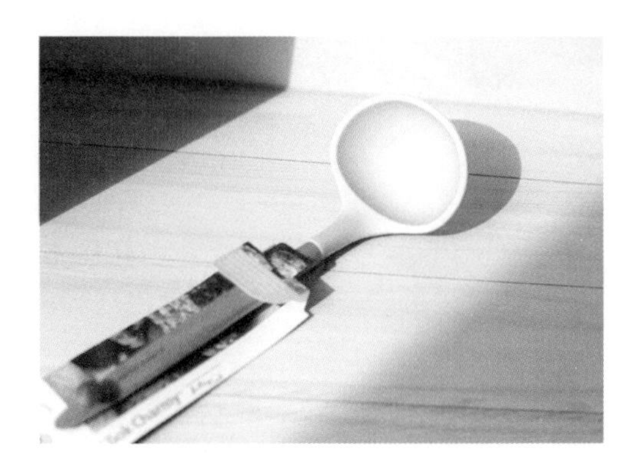

PART 4 | 괄호 안에 숨은 내 마음

오늘도
흔들리고 말았습니다

나의 모순덩어리 미니멀 라이프

동물을 먹지 않지만 바다 고기는 좋아해요.

개는 사랑하지만 가죽 구두를 신죠.

우유는 마시지 않지만 아이스크림은 좋아해요.

반딧불이는 아름답지만 모기는 잡아죽여요.

숲을 사랑하지만 집을 지어요.

돼지고기는 먹지 않지만 고사 때 돼지머리 앞에선 절을 하죠.

유명하지만 조용히 살고 싶고

조용히 살지만 잊혀지긴 싫죠.

소박하지만 부유하고

부유하지만 다를 것도 없네요.

모순덩어리 제 삶을 고백합니다.

-이효리, 〈모순〉-

미니멀 라이프를 시작하면서 가지고 있던 물건들을 많이 비웠지만, 취향에 맞는 새로운 물건을 사기도 했어요. 환경을 생각하겠다 말했지만 비닐 포장된 즉석식품을 먹고 플라스틱 일회용 잔에 담긴 음료를 마시죠. 허세만 부리던 SNS를 안 한다 하지만 블로그에 실제보다 더 그럴싸하게 나온 집 사진 올리는 건 좋아해요. 광고에 현혹되지 않으려 하지만 '미니멀리즘 스타일'이라 추천되는 물건에는 눈길이 가요.

간소한 삶을 사랑하지만 지금보다 더 많은 부를 쌓길 원해요. 타인의 시선에 휘둘리지 않길 바라지만 백 퍼센트 그렇지 못하는 나의 속마음을 나는 알죠.

평범하길 원하지만 내가 가진 조그만 자랑거리라도 돋보이길 바라고 소수의 인맥으로 살고 싶어 하지만 내 글이 많은 사람에게 읽히기 원하지요.미니멀 라이프를 원하지만 마음 그릇만 미니멀하다는 걸 느끼고 타고난 게으름은 크게 달라진 게 없네요. 나의 모순덩어리 미니멀 라이프를 고백합니다.

미니멀 라이프를 시작한 후 내 삶이 완벽해졌다고 말할 수는 없어요. 그렇지만 100가지 물건들에 대한 집착을 내려놓고 신중하게 고른 하나의 물건은 오래오래 소중히 쓰겠다고 다짐해요.

즉석식품으로 밥을 먹고 일회용 잔에 든 음료를 마시지만 장을 보러 갈 때 저장 용기를 에코백에 챙겨 나가죠. 블로그에 잘 나온 집 사진을 올리기도 하지만 일상의 온기가 느껴지도록 솔직하게 글을 쓰려고 해요. '미니멀리즘 스타일'이란 타이틀로 쏟아지는 여러 물건들에 눈길이 가지만 예전처럼 충동구매를 하지는 않아요.

앞으로 더 풍족하게 살기 바라지만 지금의 삶에 만족하고 혹여 경제적 어려움이 닥치더라도 사랑하는 남편과 함께라면 두렵지 않아요. 타인의 시선이 신경 쓰일 때도 있지만 지극히 평범한 나를 사랑하고, 과거와 비교할 수 없을 정도로 자아가 단단해진 것을 느끼죠. 화려한 인맥에 대한 욕심을 내려놓고 적은 인연이라도 깊은 마음을 오래도록 나누고 싶어요.

미니멀 라이프를 하면서 내가 지닌 마음의 그릇이 작다는 걸 느끼니 겸손을 알아가고, 타고난 게으름은 크게 달라진 게 없기에 더 부지런해지고 싶네요. '마음을 다해 대충 하는 미니멀 라이프'란 제 모토처럼 완벽한 미니멀 라이프가 되길 욕심내기보단 모순덩어리 미니멀 라이프를 인식하며 느리더라도 좋은 방향으로 나아가고 싶습니다.

쇼핑 호스트가 되고 싶었던 나

나이가 들수록 이루지 못한 꿈만 늘어나는듯합니다. 그런 꿈 리스트 중 가장 굵직한 크기로 기록되어 있는 게 하나 있습니다. 그건 바로 쇼핑 호스트입니다. 고백에 앞서 프로 정신과 직업적 신념을 가지고 활동하시는 쇼핑 호스트분들께 죄송한 마음이 듭니다. 제가 쇼핑 호스트를 꿈꾼 이유는 오로지 단 하나, 넘치는 '신상'과 함께할 수 있다는 물욕 때문이었으니 말입니다.

홈쇼핑 채널을 처음 접했을 때 마치 콜럼버스가 신대륙을 처음 발견했던 것처럼 놀랍고 감동적이기까지 했습니다. 하루 24시간 동안 끝도 없이 각종 물건을 친절하고 재미있게 소개해주는데 아무리 봐도 질리지 않았답니다. 대량으로 싸게 사야 알뜰 소비라고만 믿던 내게 홈쇼핑의 상품 구성은 거부하기 어려운 황홀한 제안이었습니다. 또 본품보다 사은품에 마음이 흔들리기도 했지요.

그렇게 홈쇼핑 채널에 빠져 철없던 마음에 '쇼핑 호스트란 직업은 정말 멋지다! 매일 각종 신상과 함께하다니. 그래! 나도 쇼핑 호스트가 될 거야! (저 물건들이 다 공짜로 내 것이 될지도 모르잖아?)'라고 생각했던 것입니다. 이후 미니멀 라이프에 관심을 가지면서 쇼핑 호스트라는 꿈이 제 물욕의 연장선일 뿐이었다는 것을 깨닫고 어찌나 민망하던지요!

그렇다고 홈쇼핑이 미니멀 라이프를 방해하는 적대적인 존재라 생각하지 않는답니다. 집에서 간편하게 쇼핑을 할 수 있으니 시간을 절약할 수도 있습니다. 다만 제가 물욕을 잘 조절하지 못하다 보니 쉽게 충동구매로 이어진 것이 문제였습니다.

'매진 임박!'이라는 멘트에 심장이 두근거리고 저 물건이 진짜 나에게 필요한지 생각해볼 여유를 가지지 않았습니다. 집에 같은 용도의 물건이 쌓여 있는데도 사은품이 가지고 싶어 또 구매하기도 했습니다. 혼자 사용하기엔 지나치게 많은 수량이지만 일단 가지고 있다 나중에 쓰면 되겠다는 마음으로 결제해 집이 물건을 보관하는 창고처럼 되었답니다.

지금은 집에 TV가 없어 홈쇼핑 최신 상품 소식에 둔해졌지만 무탈하게 잘 살고 있습니다. 덤으로 내게 꼭 필요한 물건을 적정량만 구입하는 습관을 들이면서 창고 같던 집이 쾌적한 휴식의 공간으로 변화했습니다.

그리고 쇼핑 호스트는 아무나 하는 직업이던가요? 전문적인 지식과 남다른 방송 감각 등 갖춰야 할 프로페셔널한 덕목이 한두 개가 아닙니다. 그런데 물욕에만 눈이 멀어 쇼핑 호스트는 많은 물건을 저렴하게 살 수 있는 직종이라고 여겨 선망했던 제 기준이 부끄러울 뿐입니다.

미니멀 라이프를 시작하는 바람에 본의 아니게 쇼핑 호스트의 꿈을 접었다고 뻔뻔하게 주장했었는데, 실은 제대로 노력도 해보지 않은 채 어영부영 살아온 사람의 비겁한 변명임을 고백합니다.

"실은 쇼핑 호스트라는 직업보단 홈쇼핑 채널에 나오는 물건들이 탐났어요. 미니멀 라이프 핑계를 대며 쇼핑 호스트는 못하는 게 아니라 안 하는 거라고 우겼던 것, 죄송합니다…."

이렇게 미니멀 라이프는 제게 도움이 됩니다. 일말의 양심을 저버리지 않고 반성하게 만들어주니 말입니다.

미니멀리스트 뒤에 숨어 있던 교만

새로 이사할 집을 구하느라 여러 집을 보게 되었습니다. 전혀 모르는 낯선 이들의 집을 구경할 생각에 처음엔 마냥 즐거웠답니다. 그런데 여러 집을 돌아다니며 '아후, 무슨 가구가 이렇게나 많을까?' '발코니가 짐으로 꽉 찼네' '좁은 거실에 이 큰 소파는 왜 놨을까?' 하며 나도 모르게 마음속으로 흉을 보고 있는 것입니다. 물건의 많고 적음을 잣대로 타인을 함부로 평가한 겁니다.

사사키 후미오는 미니멀리스트가 되어서 '왜 저런 걸 샀을까?' 하는 비난은 '왜 이런 것도 없을까'와 다를 바 없는 그릇된 태도라고 말합니다. 미니멀리스트로서 추구해야 할 것은 단순히 물건의 개수를 줄이는 데 있는 것이 아니라 온전히 자기 삶에 집중하는 태도라는 점을 알면서도 타인의 소중한 삶에 이렇다 저렇다 참견을 하고 평가를 했다는 사실이 부끄러웠습니다. 사람마다 각기 다른 삶의 모습이 있고 물건에 나름의 이야기가 잠재되어 있다는 걸 인정해야 하는데 말입니다.

거실에 가구 수가 적다고 청빈한 사람이 된다거나 부엌 싱크대가 얼마나 반짝이는가로 행복을 측량할 수 있는 것이 아님에도 불구하고 '미니멀리스트'라는 잣대로 타인의 인품과 행복을 함부로 추측하려 한 제 교만하고 얄팍한 마음을 반성했답니다.

거실에 아이 장난감이 널브러져 있다면 집에서 행복하게 잘 놀아주는 부모님이구나, 개수대에 설거지하지 않은 그릇들이 쌓여 있다면 집에서 함께 밥을 자주 먹는 화목한 가족이라고 생각할 수 있는데 말입니다.

미니멀리스트의 정의가 '자신의 삶에 집중'하는 것이라면 또 다른 정의는 '타인의 삶을 함부로 평가하지 않는 것'이라고 생각합니다. 이제 제 마음속 쓸모없는 '교만'이라는 이름의 덩어리를 버리려 합니다. 냉동실에 오랜 시간 쌓여 있던 정체불명의 검은 비닐봉지를 버린 것처럼 개운합니다.

나의 애용 브랜드

미니멀 라이프를 위해 물건 비우기를 실천하는 과정에서 그동안 유독 특정 브랜드에 우수고객을 넘어서 특급 VIP 고객이었다는 것을 알았답니다. 식품부터 의류 그리고 생활용품까지 오랜 세월 동안 충성고객이었던 제 애용 브랜드를 정리해볼까 합니다.

우선 식품입니다. 단연 돈을 많이 쓴 브랜드는 바로 '오늘까지만'입니다. 이 브랜드는 먹을 때마다 "그래, 오늘까지만!" 하면서 정신을 놓고 흡입하게 만드는 마성을 지녔습니다. 오늘도 저는 이 브랜드와 함께 생활하고 있답니다(그런데 왜 제겐 내일이 안 오는 걸까요?). 더불어 즐겨 찾는 브랜드로는 '이건 안 찐대'가 있습니다. '맛있게 먹으면 0칼로리래' '치킨은 단백질이니까 괜찮을 거야' 등의 카피를 주로 내놓는 브랜드랍니다.

생활용품 중 침구류는 어린 시절부터 한결같이 한 브랜드를 이용했습니다. 바로 '5분만 더'입니다. 베개와 이불 등 각종 침구류를 취급하는 브랜드로 동절기에는 온수매트도 함께 출시합니다. 신기하게 이 브랜드는 "딱, 5분만 더!"를 되풀이하며 오래도록 몸을 일으키지 못하게 만드는 강렬한 자석이 부착되어 있답니다.

화장품류는 압도적으로 한 브랜드에서 구매 이력이 높았습니다. 아실지 모르겠지만 바로 '세일이라서'입니다. 이 브랜드는 필요하지도 않던 화장품도 갑자기 너무나 필요할 것처럼 만들어버리는 강한 위력을 발휘하는 브랜드랍니다.

의류에서는 특정 브랜드에 굉장히 집착했던 것으로 조사되었습니다. 브랜드 이름은 '살 빠지면'입니다. 브랜드만의 독특한 콘셉트는 피팅룸에 들어가 입어볼 필요도 없이 그저 눈으로 보고 사는 것입니다. 의류임에도 불구하고 몸이 들어가지 않아 옷걸이에 걸려만 있음에도 오랫동안 이 브랜드의 열렬한 고객이었습니다.

'살 빠지면'과 유사 브랜드로 '살 안 쪘을 때'가 있습니다. 이 브랜드의 기이한 점은 처음 구매 시엔 다른 이름이었는데 어느새 '살 안 쪘을 때'로 브랜드명이 바뀌어 '살 빠지면'과 나란히 옷장에 걸려 밖으로 나오지 못한다는 겁니다.

온라인 쇼핑몰 중에는 가장 애용한 곳은 '무배(무료배송) 맞추려고'

랍니다. 오로지 무료배송 조건에 맞추어야 한다는 목적을 가지고 묻지도 따지지도 않고 구매한 아이템들이 수두룩하답니다.

운동용품은 평생 한 브랜드에서만 구입했습니다. 바로 '내일부터'입니다. 이곳에서 나오는 운동용품들의 특징은 아무리 시간이 흘러도 전혀 소모되지 않는다는 겁니다. 정말 대단하지요?

이상이 제 애용 브랜드 리스트랍니다. 미니멀리스트를 지향하기로 마음먹었으니 과거는 반성하고 이제부턴 새로운 마음가짐으로 다른 브랜드를 이용할까 합니다. 제가 선택한 새로운 브랜드 이름은 '사놓은 것까지만'입니다. '오늘까지만'과 이름만 바뀐 같은 회사 제품 아니냐고요? 절대 아닙니다. 오해하지 마세요. 사놓은 것까지만 아까우니까 먹는 거라니까요. 정말입니다. 진짠데, 이상하게 다들 믿어주질 않네요….

밀리카의 애용 브랜드

먹을 때마다 "그래, 오늘까지만!"
하면서 정신을 놓고
흡입하게 만드는 마성을 지닌 식품.
그런데 내일이 왜 안 오는 걸까…
'맛있게 먹으면 0칼로리래'
'치킨은 단백질이니까 괜찮을거야' 등의
매력적인 카피를 주로 내놓는 자매 브랜드
'이건 안 찐대'도 있음.

필요하지 않던 화장품도
갑자기 너무나 필요할 것처럼
만들어버리는 강한 위력을 발휘함.

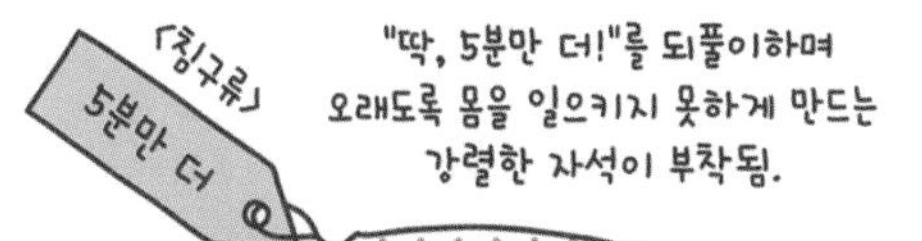

"딱, 5분만 더!"를 되풀이하며
오래도록 몸을 일으키지 못하게 만드는
강력한 자석이 부착됨.

입어볼 필요도 없이
그저 눈으로 보고 살 수 있고
구입 후에도 옷걸이에
걸려만 있다는 특징.
몸이 들어가지 않는다는
이상한 단점이 있음.

오로지 무료배송 조건에
맞추어야 한다는 목적을 가지고
묻지도 따지지도 않고 계획에 없던
물건까지 구매하게 됨.

아무리 시간이 흘러도
전혀 소모되지 않는
대단한 제품!

어정쩡한 절약보다
확실한 사치가 낫다

일본의 미니멀리스트로 유명한 야마구치 세이코의 블로그에 종종 방문합니다. 두 남매의 어머니이자 주부로 미니멀 라이프 관련 책도 여러 권 발간하고 정리정돈 컨설턴트로 활동하면서 블로그에 이야기를 남기고 있습니다. 그중 정리정돈 컨설팅을 받는 의뢰자의 이야기를 읽으며 깊은 공감이 되었습니다.

의뢰자는 지금껏 문서 정리용으로 별생각 없이 백엔숍의 저가용 파일만 이용해오다가, 과감하게 문구점의 700엔짜리 파일을 사보았다고 합니다. 기존 파일보다 7배나 비싼 파일은 훨씬 사용이 편하고 품질이 좋았기에 결과적으로 흡족했고 정리정돈에 큰 도움이 되는 경험을 했지요. 그래서 어떤 물건은 가격차가 꽤 있더라도 제대로 돈을 쓰는 것이 장기적으로 좋을 수 있다는 깨달음을 얻었다고 합니다.

지금은 고수익을 올리는 유명 유튜버인 히카킨 씨의 경우는 과거에 경제적으로 큰 어려움을 겪던 시기가 있었다고 합니다. 그럼에도 영상 제작을 위한 도구에 대한 투자만큼은 아끼지 않았고 덕분에 지금의 자리에 올 수 있었다고 합니다.

야마구치 세이코는 "전기 건조기는 사치니까 안 사겠어" 혹은 "로봇 청소기는 비싸잖아" 하는 식으로 고가의 물건은 미니멀 라이프와 무조건 어울리지 않는다는 개념을 갖는 것은 경계하라고 조언합니다. 단순히 가격만 생각하다 보면 다른 이면은 놓칠 수 있으니까요. 전기 건조기와 로봇 청소기를 택함으로 하루에 15분이라도 휴식 시간이 늘어난다면 누군가에게는 꼭 필요한 물건일 수 있다는 것이지요. 비용이 들고 공간을 차지한다고 해도 자신이 추구하는 삶의 여유에 도움을 주는 물건이라면 제 가치를 다 하는 것일테니까요.

저도 야마구치 세이코씨의 조언에 두 가지 면에서 크게 공감을 했습니다. 첫 번째는 최대한 싸게 사는 것만이 절약이라 생각하다 보면 반작용으로 어정쩡한 소비가 늘 수 있다는 겁니다. 정말 가지고 싶고 필요한 물건이 있는데 가격이 좀 비싸다 싶어서 차선책으로 100% 마음에 들지 않음에도 대체품인 물건을 사곤 했습니다.

마음에 드는 10만 원짜리 티셔츠를 발견했는데, 가격이 주저되어 그냥 비슷한 만 원짜리 티셔츠를 사는 거죠. 그걸로 끝이면 다행인데, '만 원이면 부담 없으니 몇 개 더 사도 되겠지'라며 합리화를 하다 보면 어느새 총 가격은 10만 원이 넘어가기도 합니다.

분명 절약하겠다는 의도였는데 어째 지갑은 얇아지고, 이런저런 이유로 손은 가지 않고 관리도 잘 안 되는 옷들이 짐처럼 쌓이게 됩니다. 원래 가지고 싶었던 옷에 대한 갈증은 채우지 못 하고 절약도 안 되는 설상가상 패턴이 뫼비우스 띠처럼 반복된 겁니다.

성향에 따라 차이는 있겠지만 제 경우는 어정쩡한 절약을 한답시고 원하는 수준에 미달하는 물건을 샀다가 늘리고 방치하느니, 반드시 필요한 물건이라면 하나에 제대로 투자하는 것이 오히려 절약이라 느낍니다.

두 번째는 절약을 돈의 개념으로만 볼 것이 아니라 시간에도 포커스를 맞춰야 한다는 것입니다. 저도 물건을 택할 때 가격표부터 확인하는 소시민입니다. 하지만 오로지 가격만 신경 쓰다 보면 잃어버리는 것도 생길 겁니다. 제 경우도 처음에 전기 건조기를 들이는 것에 주저했으나 사용 후에는 세탁 건조에 시간이 확실히 줄어들어 만족스럽습니다. 가사노동에 쓰던 시간과 노동력을 절약해서 내가 원하는 글을 쓰고 책을 읽을 여유를 만들어 주었으니까요.

이렇듯 시간의 주도권을 잡을 수 있고 에너지를 절약하게 도와주는 물건에 대한 투자는 일상에서 플러스가 되고 삶 전체의 좋은 흐름을 만들어줍니다. 스스로가 취약하다고 느끼는 가사노동을 스마트하게 도와주는 물건이거나 삶의 질을 업그레이드 시켜줄 물건이라면 무조건 돈을 아끼는 것만이 능사는 아닐 겁니다.

작은 일이지만, 인생을 바꾸기 위해서는 돈의 흐름을 바꾸는 것이 포인트라고 실감합니다.

야마구치 세이코의 말처럼 이제까지는 돈의 절약에만 포커스를 맞추었다면, 앞으로는 돈이 제 가치를 다할 수 있는 곳으로 긍정적인 흐름을 만들어야겠다고 다짐합니다. 생각 없이 습관적으로 사고 무신경하게 방치하고 또 사는 것을 되풀이하지 않기를 바라면서요. 아울러 훌륭한 품질의 물건에는 그에 걸맞는 가격도 흔쾌히 지불하는 태도도 갖추어야겠다고 생각합니다.

모두가 가성비만을 쫓다보면 세상에는 적당한 가격의 어정쩡한 물건만 남게 될지도 모를 테니까요. 가치가 빛나는 멋진 물건과 협력하여 성실하게 일구어 나가는 삶, 평생 함께하고 싶은 아름다운 물건을 발견했을 때의 기쁨도 제게는 소중하니까요.

못난 물욕

미니멀 라이프를 위해 세일과 신상의 유혹에 결코 흔들리지 않겠노라 호언장담을 했지요. 그렇지만 가끔은 궁금함을 못 이겨 과거 VIP 고객이었을 정도로 열렬하게 구매했던 브랜드의 홈페이지에 접속하곤 해요. 이번 시즌 신상으로 어떤 제품들이 출시되었는지 이벤트와 세일 품목은 무엇인지 조용히 숨죽이며 넘겨보죠. 이미 탈퇴를 했기에 로그인도 못 한 채. 미니멀 라이프를 한다고 동네방네 선포를 하고 다녔기에 결제는 하지 않고 숨죽이며 구경하다가 서둘러 나와요. 헤어진 애인의 SNS에 들어가 몰래 보면서 누군가에게 들킬까 봐 불안해하는 사람처럼 말이죠.

밀리카의 모순된 인생 교복 찾기

사복을 한 가지 스타일로 정하면
옷장도 미니멀해지고
시간 낭비도 줄일 수 있겠지!

옷 고르는 시간도 낭비라며
인생 교복 찾아 쇼핑몰을 열심히 검색하고
시간 낭비뿐인 SNS는 그만하기로
마음먹고 블로그에 글을 열심히 올리다
지쳐 잠이 듭니다.

볼펜을 비운다는 것

무라카미 하루키의 에세이집 《작지만 확실한 행복》에 실린 〈쓸모없는 물건도 버릴 수 없는 집착〉이란 글이 있습니다. 이 글에서 하루키는 특별히 물건에 대한 집착심이 강하지 않은 편임에도 유독 걷잡을 수 없이 쌓이게 되는 볼펜에 대해 이야기합니다. 자기관리에 철저하고 심플한 삶을 선호하는 것으로 알려진 그가 정신없이 늘어난 볼펜으로 고민을 한다는 건 매우 흥미로웠습니다.

하루키는 볼펜이 대체 왜 제멋대로 늘어났는지 추론해본 결과 기념품으로 받거나, 누군가 잊어버리고 갔거나, 필기구를 놓고 와 임시로 싸구려 볼펜을 샀거나, 여행지에서 호텔 기념품으로 가지고 왔거나 하는 등의 이유를 발견합니다.

"그러한 경로를 거쳐서 50개의 볼펜이 밤에 내리는 눈처럼 조용히 우리 집에 쌓여 간 것이다"라며 멋지게 표현했지만 곧이어 지극히 현실적인 불만을 토로합니다.

"이사를 다닐 때마다 나는 그 볼펜 다발이 보이면 짜증이 난다. 50개의 볼펜은 아마도 내가 평생을 써도 다 못 쓸 것이다."

투덜거리는 하루키의 모습에서 진한 동지애가 생깁니다. 왜냐면 저 역시 예전에 볼펜을 비롯해 넘쳐나는 여러 물건들로 꽤 툴툴거리던 사람이었기 때문입니다. 냉장고 안엔 피자를 주문해서 함께 받은 일회용 소스가 점점 증식하고, 필요할 때는 안 보여서 계속 사게 되는 머리 고무줄이 집 안 여기저기서 모습을 드러내 그 양은 늘어만 갔습니다.

하루키는 혹시나 잉크가 굳어 사용하지 못하는 볼펜이 있나 하는 기대로 하나씩 시험해보지만 너무나 실망스럽게도 잉크가 안 나오는 볼펜은 하나도 없었습니다. 결국 볼펜 정도라면 아무리 쌓여봤자 무겁지도 않고 장소도 크게 차지하지 않아 눈에 보이는 실제적인 손해가 없다는 타협으로 볼펜을 하나도 줄이지 못합니다. 잉크가 많이 남아 있는 볼펜을 쓰레기통에 내버린다는 건 상당한 용기가 필요하기에 볼펜의 수는 앞으로도 줄어들지 않을 거라면서요.

쓸모없는 물건도 버릴 수 없는 집착, 제 안에도 그런 집착이 여전히 존재합니다. 다만 미니멀 라이프를 통해 물건을 비우지 못하는 제 심정이 집착이라고 솔직하게 인정하면서 그 집착을 조금이나마 줄일 수 있었습니다. 상태는 충분히 멀쩡하지만 제게 쓸모없는 물건이 있다면 되도록 다른 필요한 곳에 쓰일 수 있도록 나눔이나 기부로 비우려고 노력하고 있습니다. 물론 제 안에는 여전히 너무나 많은 집착이 남아 있고 완벽하게 그 집착을 비우기란 어려울 것입니다. 아무쪼록 하루키의 볼펜과 제 머리 고무줄 개수가 앞으로 더 늘어나지 않기만을 바라봅니다.

불편을 '피스(Peace)' 하는 미니멀 라이프

'미니멀 라이프로 청소하기가 편해졌습니다' '미니멀 라이프로 마음이 편해졌습니다' 같은 경험담이 백 퍼센트 진심이라 해도 미니멀 라이프가 삶의 편리함을 추구하는 수단은 아닙니다. 일차원적으로 보면 미니멀 라이프는 불편을 감수하는 삶인지도 모릅니다.

아마도 찌는 듯 더운 날에 손님들이 우리 집을 방문한다면 에어컨이 없어서 불편함을 느낄 것입니다. 편리함에 목을 매는 게으른 유형의 사람인지라 조금의 불편함도 감수하기 싫어서 물건에 많이 의지했고 결과적으로 많은 물건에 둘러싸여 살아왔습니다. 그런 제가 불편함이 난무하는데도 왜 미니멀 라이프라는 삶의 방향을 지향하게 된 것일까 스스로에게 묻습니다.

요즘 신상품이나 서비스의 광고를 보면 편리성을 주요하게 내세웁니다. '버튼 하나면 다 됩니다.' '한 봉지로 균형 잡힌 영양섭취가 가능합니다.' '여러 브랜드를 한곳에서 쇼핑할 수 있습니다.' '간편하게 결제, 교통카드, 할인까지 다 되는 카드랍니다.' 어디를 둘러봐도 '편리성'이 환영받는 세상인듯합니다.

하지만 과유불급이란 말이 있듯 '편리 과잉'으로만 치닫는 것은 좋지 않다는 생각이 듭니다. 손가락 하나 까딱하기 싫어 모든 일 처리를 대리 시스템에 맡기면 정작 몸의 건강을 잃을 수 있듯 삶도 그렇지 않을까 하고요.

미니멀 라이프란 편리함 과잉의 시대에 자발적으로 불편을 택함으로 균형을 잡아가는 게 아닐까 싶습니다. 예를 들어 자동차만 타고 다니다 때때로 두 발로 걷는 불편함을 택하는 것입니다. 막상 걷다보면 주유나 운전, 주차에 대한 부담이 사라지고, 천천히 풍경을 구경하는 여유가 생기고 몸도 한결 건강해집니다.

이런 경험이 쌓이면 '편리 과잉'에 둔해져 있던 감각이 깨어나 스스로 '불편'과 '편리'의 사이에서 균형 잡힌 선택을 할 수 있을 것 같습니다. 편리라는 일방통행만 있던 삶에 '불편함'이라는 새로운 노선이 생겨 쌍방 통행으로 순환되는 기분입니다. 그렇게 내 삶의 풍경이 더욱 풍성해져갑니다.

이상한 절약만큼은 하지 않기

※본 글에는 책《노후자금이 없습니다》에 관한 약간의 스포일러가 포함되어 있음을 밝힙니다.

가키야 미우 작가의《노후자금이 없습니다》(들녘, 2017)라는 소설을 재미있게 읽었습니다. 주인공은 50대의 평범한 주부 아츠코랍니다. 그녀의 최대 고민은 책 제목대로 노후자금이 넉넉하지 않다는 겁니다.

정년까지 고작 3년밖에 안 남았지만 돈 모으기보단 폼 나게 쓰는 데만 익숙한 남편. 남편이 퇴직금마저 이미 사용해버렸다는 것을 알고 아연실색했는데, 대학 졸업 후 아르바이트와 계약직만 전전하느라 변변하게 모은 돈도 없는 딸이 예비신랑 집이 잘산다는 이유로 호화로운 결혼식을 결정해 의도치 않게 큰돈을 써야 합니다. 거기에 시아버님께서 돌아가셔 장례식에도 목돈이 들어가게 됩니다.

돈 들어올 일은 전혀 안 보이는데 돈 쓸 일만 늘어나니 아츠코는 노후자금이 너무 불안합니다. 본인도 다니고 있던 회사에서 정리해고 통보를 받게 되니 그야말로 사면초가. 노후자금은커녕 지금 당장 쓸 돈도 없어질 지경입니다. 언뜻 보면 우울하기 짝이 없는 현실감 넘치는 분위기가 예상되지만, 작가 특유의 재기발랄한 필력과 예상치 못한 반전을 거듭해 흥미진진하게 읽힙니다.

이 책에는 미니멀 라이프를 하는 내게 환기가 될법한 에피소드들이 있어 흥미를 끌었습니다. 아츠코의 동년배 친구들 역시 비슷한 고민거리를 안고 있습니다. 그중 겉으로는 부유한 행색을 하던 미노루가 술자리에서 본심을 털어놓습니다. 실은 노후자금을 준비할 여력은커녕 현재 생활을 유지할 경제력도 넉넉하지 않게 된 상황을요. 그러면서 미노루가 당당하게 덧붙인 본인만의 절약 방법이 파문을 만듭니다.

"화장실도 가능하면 도서관이나 외출한 곳에서 해결하곤 해요. 어떤 사람은 공원의 물을 이용한다는 말도 들었어요. 그래서 저도 조만간 어떻게 하는 것인지 가서 보고 배우려고요."

미노루가 자신감에 찬 어조로 절약 노하우를 나열하던 중 사츠키가 반문합니다.

"혹시 그런 행동…, 치사하다는 생각 안 들어?"

분위기는 갑자기 싸늘해집니다. 일순간에 가라앉은 분위기를 감지한 사츠키는 조금 더 구체적으로 자기 생각을 밝힙니다.

"찬물을 뿌리는 것 같아 미안하지만, 그래도 공공의 물건을 그렇게 개인적으로 사용해선 안 된다는 생각이 들어서 그래."

사츠키의 말에 주인공 아츠코는 일부러 밝은 목소리로 묻습니다.

"그럼 사츠키는 어떻게 절약하는데?"

"예를 들어 아침 일찍 마트에 가서 전날의 할인상품을 사는 거죠. 그리고 한 푼이라도 더 벌기 위해 우리 집 빵가게 모퉁이에 자동판매기를 한 대 더 놓을 계획이고요. 장소에 따라 차이는 있지만 우리의 경우 자동판매기의 수입으로 전기세 정도는 낼 수 있죠. 그리고 정원 손질도 제가 직접 해요. 그래봐야 쥐꼬리만큼 절약하는 것이기는 하지만."

사츠키는 절약 팁에 대한 질문을 받자마자 마치 준비했다는 듯 대답합니다. 그만큼 일상생활에서 오랜 시간 숙련되었다는 증거입니다. 그런 사츠키의 말에 미노루는 감탄하며 본인에게도 올바른 절약 방법을 전수해달라 부탁합니다. 사츠키는 미노루가 그동안 절약이라고 실천했던 행동들은 '이상한 절약'이라 말합니다. 앞으로는 이상하지 않은, 상식적인 절약을 하도록 도움을 주기로 약속하며 해당 에피소드는 마무리됩니다.

물론 나중에 사츠키의 비밀이 밝혀지며 이야기가 새로운 국면으로 접어들긴 하지만, 이 에피소드만 놓고 보면 이상한 절약에 대한 사츠키의 주장은 곱씹어 볼 만하다 여겨집니다. 되도록 공공재화를 활용하는 것이 자신의 절약 실천법이라 당당하게 말하는 미노루를 보며 무의식중에 내 비용이 들지 않는 물건은 대수롭지 않게 사용하지는 않았는지 자신을 돌아보게 되었습니다.

한 장이면 충분했을 화장실 핸드 티슈를 별생각 없이 서너 장 사용한 적도 많았을 것이라 생각합니다. 쓰지도 않을 거면서 공짜 사은품이라면 기를 쓰고 하나라도 더 챙기려는 욕심을 부리기도 했습니다. 결국엔 처치 곤란이 되었으니 정말 이상한 절약 혹은 이상한 낭비입니다. 돈을 지불해야 했다면 필요도 없는 것을 그토록 무분별하게 쟁이지 않았을 것입니다.

미니멀 라이프를 시작하며 자연스레 돈이든 물건이든 절제하려는 마음이 생겼습니다. 사소한 것도 귀하게 사용하는 습관을 들이니 내 것이 아니라고 함부로 낭비하지 않게 됩니다. 티슈를 대신할 손수건을 준비해서 다닌다거나, 손수건에 간식을 싸서 다닌다거나 식당에 가서 먹지 않을 반찬은 처음부터 사양하고 먹을 양만 덜어 먹는 등 일상에서도 변화가 생겼습니다. 빵집에 가거나 장을 보러 미리 법랑용기를 챙겨가기도 합니다.

이런 저의 작은 실천이 절약과 직결되지는 않을 것입니다. 그렇지만 내 것이 아니기에 아끼지 않아도 된다는 둔함에서 벗어나 작은 실천으로 뿌듯함을 느끼는 순간이 만족스럽습니다. 비록 내 것이 아니어도 되도록 절약하고자 하는 이 노력이 나비효과가 되어 긍정적인 결과로 돌아오리라 소망해봅니다.

미니멀 라이프 유지어터

안 해 본 다이어트 방법이 없을 정도로 다양한 다이어트에 도전하며 달콤한 성공과 쓰디쓴 실패를 맛본 사람으로서 미니멀 라이프와 다이어트는 닮은 점이 참 많다고 느낀답니다. 시작도 어렵고 성공도 어렵지만 더 어려운 건 유지라는 공통점이 있으니까요. 그런 의미에서 다이어트 후 유지법과 일맥상통하는 미니멀 라이프 유지법을 이야기해보려 합니다.

첫째, 유지엔 정공법이 최고!

다이어트에 관련된 성공 사례를 보면 단기간에 체중을 엄청나게 감량했다는 내용이 수시로 등장합니다. 또는 이거 하나만 복용하면 실컷

먹어도 살이 쑥쑥 빠진다는 다이어트 보조식품의 유혹도 강렬하지요.

전문가들은 균형 잡힌 식단을 하고 운동을 꾸준히 하는 것이 실패 없는 다이어트 방법임을 강조하지만, 자꾸 단기 다이어트 비법에 시선이 갑니다. 다이어트 정공법은 지루하고 힘들기 때문에 차라리 돈을 조금 더 들이거나 건강에 무리가 가더라도 단기간에 드라마틱한 효과를 얻고 싶어 하지요.

현실의 우리 몸은 그리 너그럽지 않기에 설령 극단적인 절제로 다이어트에 성공한다 해도 폭식 같은 식습관을 개선하지 않으면 어김없이 요요현상이 찾아오기 마련입니다. 미니멀 라이프도 마찬가지입니다. 처음엔 호기롭게 많은 물건을 비웠다 한들 잠시 동안의 만족에 취한 후 또 다시 충동구매 같은 물욕이 시작되면 비우기 전과 같은 모습이 되는 건 시간문제일겁니다.

전문가들은 다이어트는 평생 하는 거라고 합니다. 그 말인 즉 평생 굶고 살라는 말이 아니라 균형 잡힌 식습관과 운동을 병행하는 지속가능한 방법으로 건강을 유지하라는 말이겠지요. 미니멀 라이프도 단발성 이벤트가 아니라 평생 함께 하는 건강한 소신이 되길 바랍니다. 체중관리를 하듯 내가 관리 가능한 물건만 소유하고, 새로운 물건을 들일 때는 기존에 있는 물건 중 안 쓰는 건 없는지 점검해보기를요.

둘째, 눈바디 찍듯 주기적으로 집 기록하기.

'눈바디'라는 말이 있습니다. 인바디가 체성분을 분석해 몸 상태를 점검한다면 눈바디는 거울 속 자신의 몸을 눈으로 보고 체크한다는 의미랍니다. 체중계 속 숫자에만 지나치게 연연하지 말고 거울 속 자신의 모습을 기록하며 몸 상태를 직시하는 게 꾸준한 관리에 동기 부여가 되기 때문입니다.

미니멀 라이프를 할 때 집 사진을 꾸준히 남기는 것도 눈바디처럼 도움이 되는 것 같습니다. 물건이 비워져 나가면서 차츰차츰 말끔해지는 집의 모습을 사진으로 기록해두면 성취감을 느껴 지속하는 힘이 생깁니다. 반면 마음가짐이 나태해져 어느새 물건으로 잠식되는 집의 상태도 사진으로 찍어두면 '물건이 이렇게나 늘었나?'하고 저절로 비교가 되어 좋은 긴장감이 생깁니다.

셋째, 적당한 공복처럼 여백이 주는 편안함을 체험해보기.

다이어트의 가장 큰 어려움은 절제하기 어려운 식욕일겁니다. 배가 고픈 것이 아님에도 허기를 느끼거나, 특정 음식이 너무 당겨 폭식을 하게 되는 현상 등도 심리적인 요인에서 오는 가짜 배고픔이라고 합니다. 하지만 건강한 식습관이 자리 잡으면 이런 가짜 배고픔도 줄어들고 적당한 공복이 주는 편안함을 알게 됩니다.

아주 잠깐의 배고픔에도 쉽게 무너져 폭식을 했던 것처럼 미니멀 라이프를 하기 전에는 순간의 유혹에도 쉽게 무너져 폭풍 충동구매를 하곤 했습니다.

건강한 다이어트로 공복이 주는 여유로움을 알게 되듯 미니멀 라이프로 물건을 비운 뒤에는 여백이 주는 편안함을 알게 되었습니다. 예전에는 집의 여백이 어쩐지 휑하게 느껴져 어떻게 채울까 마음이 급했는데 지금은 내가 컨트롤 가능한 수의 물건으로 가볍게 사는 것이 편안하고, 여백이 주는 아름다움을 만끽하는 여유도 생겼습니다. 규칙적으로 일정 시간 동안 공복을 유지하는 '간헐적 단식'이 신체적 정신적으로도 긍정적인 영향을 미친다는 연구결과처럼 물건과 공간에 관해서도 일정 부분 일맥상통하는 면이 있는 것 같습니다.

넷째, 가공식품을 줄이고 친환경과 가까워지는 것. 이는 다이어트에 이로운 것은 물론 미니멀 라이프와 지구에도 긍정적인 영향을 미칩니다.

복근은 헬스장이 아닌 주방에서 만들어진다는 말이 있습니다. 다이어트 시 식단관리는 필수이며 특히 가공식품을 줄이라고 합니다. 당과 염분, 첨가물로부터 자유로울 수 없는 가공식품은 고칼로리에 혈당을 급격하게 올리고 신진대사를 떨어뜨리기 때문에 가능한 자연에 가까운 음식을 선택하길 권합니다.

미니멀 라이프를 할 때도 잘 비우는 것 못지않게 처음부터 비울 물건을 만들지 않는 것이 중요하다고 생각합니다. 잠깐의 편리를 위해 선택하는 일회용품은 더 많은 쓰레기를 만들어내기에 나와 지구를 위해 지속가능한 친환경 제품을 택하려고 합니다. 종이 고지서 대신 모바일 고지서를 택하고, 포장 쓰레기를 집에 가져오지 않기 위해 천가방을 이용해 장을 봅니다. 별것 아닌듯하지만 이런 친환경 습관이 몸에 배이면 집에서 발생하는 일회용 쓰레기가 눈에 띄게 줄어드는 것을 확인할 수 있습니다.

편리한 인스턴트나 배달 음식에 의존하지 않고 조금 수고스럽더라도 채소와 과일이 곁들여진 식사를 늘리는 것이 다이어트에 도움이 되는 것처럼, 일상에서 조금 불편하더라도 일회용품이나 가공제품 사용을 줄이고 친환경 물건에 관심을 기울이는 노력이 미니멀 라이프를 유지하는데 도움을 줍니다.

다이어트에 관한 명언이 기억에 남습니다. '운동은 당신의 몸을 증오하기 때문이 아니라, 사랑하기 때문에 하는 거예요'. 미니멀 라이프도 마찬가지가 아닐까 싶습니다. 어수선한 내 집과 정돈에 서툰 내가 싫어서가 아니라, 나의 집과 나를 사랑하기 때문에 미니멀 라이프를 하는 거라고 말입니다. 미니멀 라이프와 건강한 몸을 잘 유지하겠다는 노력. 내가 나의 삶을 더 사랑하겠다는 의지일겁니다.

#다이어트 후 '유지어터'처럼 미니멀 라이프 유지하기

요요현상을 막으려면 지속적인 관리는 필수!

미니멀 라이프는 물건을 왕창 비운다고 끝나는 단발성 이벤트가 아니라 체중 관리를 하듯 꾸준한 관리가 필요하다. 새로운 물건을 들일 때는 기존에 있는 물건 중 안 쓰는 건 없는지 체크해보는 습관을 들인다

'눈바디'하듯 집의 모습을 사진으로 기록

다이어트를 할 때 몸의 변화를 사진으로 기록하듯 물건을 비우며 차츰 말끔해지는 집의 모습을 사진으로 기록하면 성취감이 생긴다. 또 집의 상태를 꾸준히 사진으로 남기다 보면 '어느새 물건이 이렇게 늘었나?' 하는 긴장감이 생긴다.

인스턴트식 편안함보다는
지속 가능한 친환경을 선택

인스턴트, 배달 음식보다는 싱싱한 채소와 과일이
곁들여진 식사를 늘리는 것이 다이어트에 도움이 되듯
잠깐 불편하더라도 일회용품 사용을 줄이고 다회용품과
친환경 제품에 관심을 기울이는 노력이
미니멀 라이프에 도움을 준다.

적당한 공복과 같은
여백의 편안함을 느껴보기

간헐적 단식으로 적당한 공복이 주는 편안함을
느끼듯 공간의 여백이 주는 여유로움을
느껴보기. 서랍 하나, 방 하나라도 말끔히 비워보면
쾌적한 기분이 든다. 내가 컨트롤 가능한 수의
물건으로 가볍게 사는 것도
꽤 괜찮다는 것을 느낀다.

큰 인물은 되지 못할
시시한 미니멀리스트

미니멀리스트의 사전적 해석 중 하나는 '목적을 이루기 위해 필요 이상의 것을 억제하는 사람'입니다. 미니멀리스트라고 하면 떠오르는 이미지는 소유한 물건이 적은 사람이지요.

《나는 단순하게 살기로 했다》의 사사키 후미오 작가와 《우리 집엔 아무것도 없어》(북앳북스, 2015)의 유루리 마이 작가의 경우에도 놀라울 정도로 적은 양의 물건을 소유했다는 점이 관심을 끌었습니다. 저도 책이나 영상을 통해 그들의 텅 빈 집을 보고 미니멀리스트를 꿈꾸며 나름대로 사사키 후미오처럼 물건을 줄여보고자 애를 쓰기도 하고, 유루리 마이처럼 서랍 안에 물건을 가로로 정렬하는 데 기쁨을 느끼고 하나를 사도 오래 사용할 것으로 긴 시간을 두고 고민하게 되었습니다.

이 과정에서 물건을 없애는 것은 본인이 진정으로 원하는 가치를 찾는 수단일 뿐이라는 사사키 후미오의 조언에 공감하였습니다. 소모적이던 인간관계나 대외활동, 충동구매, 일시적인 만족을 주는 오락거리 등도 되도록 자제하게 되었고 남는 시간과 에너지를 예전부터 진짜 하고 싶었지만 이런저런 핑계로 등한시했던 일들에 집중했습니다. 블로그를 만들어 평소 하고 싶었던 글쓰기를 시작했고 미니멀 라이프에 관한 이야기를 꾸준히 올렸습니다.

블로그를 통해 많은 좋은 분들과 소통할 수 있게 되어 정말 감사합니다. 사려 깊게도 틀린 맞춤법을 비밀 댓글로 살짝 귀띔해주시기도 하고 살림 노하우와 미니멀 라이프에 대한 조언, 다정한 안부인사도 나눠주십니다. 가끔 블로그를 통해 이런저런 아쉽다는 이야기를 들을 때면 부족한 부분은 없었는지 돌아보고 노력하고 있습니다. 하지만 아무리 생각해봐도 내가 도달할 수 없는 상황도 있었습니다. 왜냐하면 나는 그렇게 살 수 없는 사람에 불과했으니까요.

예를 들어 미니멀 라이프를 하면서 환경에도 관심이 생겼다는 글을 올렸습니다. 일순간에 완벽한 모습으로 변화되기는 어렵겠지만 앞으로 과거보단 절제하도록 노력하겠다는 말과 함께요. 하지만 이후 몇몇 분들이 내 블로그에서 일회용품이나 즉석식품이 보이면 모순적이지 않냐고 불편함을 표현했습니다. 혹은 '미니멀 라이프라고 하기엔 신혼

가전이 너무 고가인 것 같다' '미니멀인데 쇼핑을 많이 하는 것 같다' 라는 의견도 들었습니다. 제게 큰 기대를 가진 분께는 고마운 일이지만 저는 그와는 터무니없이 거리가 먼 부족한 사람에 불과한지라 '충분히 남편과 상의 하에 꼭 필요하다는 결론으로 선택한 것인데…' 하며 세상 억울한 표정으로 고민했답니다.

미니멀리스트에게 있어서 중요한 건 물건 개수가 아니라 소중한 것에 집중하는 태도라고 말은 했지만 속으로는 '이 물건을 사서 집에 놓는다면 뭐라고 지적받는 건 아닐까?' 하고 남을 의식하고 있었습니다. 철없는 사람이기에 칭찬에 입꼬리가 올라갈 줄만 알았지 예상치 못한 타인의 반응에는 참 미숙하기 그지없었습니다. 곰곰이 생각해보면 문제는 나 자신이었습니다.

과거에는 주변 사람들에게 인정받기 위해서 굳이 필요도 없는 물건을 구입하며 살아왔습니다. 그런 허세에 불과한 제 삶이 허무했기에 미니멀 라이프에 관심이 생긴 것이기도 하지요. 그런데 미니멀 라이프를 한다고 하면서 다른 사람들의 시선이나 평가에 신경 쓰는 내 모습이 과거의 나와 데칼코마니 같다고 생각되었습니다.

신혼집에 입주할 당시 여름이 끝나갈 무렵이라 에어컨과 선풍기를 장만하지 않았답니다. 열대야에 잠을 깬 적도 있지만 며칠만 버티면 괜찮겠거니 하고 구매하지 않았습니다. 돌이켜보면 미니멀리스트니까 물건의 개수가 많으면 안 된다는 강박관념이 있었는지도 모릅니다.

과거에는 "요즘 이거 없는 사람이 없는데 안 사고 뭐 했니?" 소리가 듣기 싫어 '신상'에 집착했듯 "비싼 가전도 있고 유행상품도 있으면서 미니멀리스트?"라는 의문이 듣기 싫어 억지로 구매 욕구가 없는 척하는 것입니다. 정말 필요해서 사는 물건인데도 혹시 누군가 안 좋은 시선으로 보는 건 아닐까 염려되고, 소유한 물건이 적은 사람으로 평가받고 싶어 했습니다. 결국 나 자신의 기준보다 타인의 평가가 중요했다는 사실을 인정하고 나니 씁쓸했지만 마음은 한결 편해졌답니다.

최대한 많은 이에게 사랑받고 싶다고 발버둥 치는 것과 단 한 사람에게도 비난받고 싶지 않다고 눈물 흘리는 것은 모양새만 다를 뿐 한 핏줄이라는 것을 직시하니 앞으로 어떤 마음으로 미니멀리스트라는 길을 가야 할지 미흡하나마 보이는 것 같았습니다.

나의 미니멀 라이프가 모두의 동의를 얻고 칭찬만 받기를 바랄 수 없다는 사실을 인정하게 되었습니다. 항상 타인에게 피해가 되지 않도록 조심하겠지만 설령 쓴소리를 듣더라도 좌절하지 않으려 합니다. 감히 도달할 수 없는 목표나 풀 수 없는 오해를 심각하게 생각해 전전긍긍하지 않으렵니다. 타인을 무시하겠다는 의도가 아니라 내 기준에 맞는 만족과 행복을 추구하며 살고 싶기 때문입니다.

마스다 미리의 《평범한 나의 느긋한 작가 생활》(이봄, 2015)엔 주인공이 본인은 큰 인물은 되지 못할 그릇이라며 웃는 장면이 나옵니다. 그의 '셀프 디스'처럼 나도 그릇이 작아 큰 인물은 되지 못한 채 시시한 미니멀리스트로 살아갈 것 같습니다. 많은 이의 열렬한 찬사를 담을 큰 그릇은 아닐지언정 '시시한 미니멀리스트'라는 이름의 작은 그릇에 진짜 행복을 채우고 싶습니다.

텅 빈 공간 하나

※이 글은 피천득 선생의 수필집《인연》에 실린〈은전 한 닢〉의 패러디임을 밝힙니다.

내가 서울에서 본 일이다.

평범해 보이는 주부 한 명이 노트북 앞에서 떨리는 손으로 본인 집 사진을 한 장을 블로그에 올리면서 "황송하지만, 이 공간이 미니멀인지 아닌지 좀 보아주십시오" 하고 그는 마치 선고를 기다리는 초조한 모습으로 댓글 알림을 기다렸다.

블로그 이웃들은 그가 올린 집 사진을 물끄러미 보다가 키보드를 두들겨 "좋소" 하고 댓글을 달아준다. 주부는 기쁜 얼굴로 집 사진에 달려진 댓글에 절을 몇 번이나 하며 감사해했다.

그는 집에서 물건을 자꾸 비워내고 정리하더니 또 사진을 찍어 블로그에 올린다. 한참을 시간을 들여 겨우 블로그에 업데이트하고는 "이것이 정말 미니멀이오니까?" 하고 묻는다.

블로그 이웃들은 호기심 어린 눈으로 바라보더니 묻는다.

"여기에 있었을 물건은 몽땅 다 무작정 버렸소?"

주부는 떨리는 목소리로 대답했다. "아닙니다. 아니에요. 기부도 하고 나눔도 하였답니다."

"모델하우스 같은 이미지를 어디서 가져온 것이오?"

"누가 그런 공간을 아무한테나 줍니까? 의심을 거둬주십시오."

주부는 간절한 마음으로 진심을 전하고자 애썼다. 블로그 이웃들은 그제야 웃으면서 "좋소" 하고 댓글을 달아주었다. 주부는 얼른 집 사진을 몇 개 더 올리고 노트북 창을 닫았다.

혹여 누가 볼세라 흘끔흘끔 주위를 돌아보며 또다시 집을 둘러보다 별안간 우뚝 선다. 서서 집에 쓸데없는 잡동사니가 혹여 있지는 않은가 살펴보는 것이다. 무선 청소기를 돌리며 걸리적거리는 물건이 없음을 느낄 때 그는 다시 웃는다. 그리고 또 얼마를 걸어가다가 집 안 구석진 곳으로 찾아 들어가더니 벽에 쪼그리고 앉아서 텅 빈 집을 살펴보는 것이다.

그가 어찌나 열중해 있었는지 내가 가까이 선 줄도 모르는 모양이었다.

"누가 그렇게 정리정돈을 많이 도와줍디까?" 하고 나는 물었다. 그는 내 말소리에 움찔하면서 방문을 닫으려 했다. 그리고 떨리는 다리로 일어서서 문을 잠그려고 했다. "염려 마십시오. 어지럽히거나 물건을 채우러 온 것이 아닙니다." 하고 나는 그를 안심시키려 하였다.

한참 머뭇거리다가 그는 나를 쳐다보고 이야기를 하였다.

"이 공간은 누가 대신 만들어준 것이 아닙니다. 모델 하우스도 아닙니다. 누가 저 같은 평범한 주부에게 협찬 일 원짜리라도 해줍니까? 하물며 습관처럼 받던 공짜 사은품까지도 사양하며 지냈습니다. 집 안의 잡동사니를 비우는 일은 온전히 제가 했습니다. 저는 동전 한 푼 한 푼 얻은 돈에서 몇 닢씩 모으는 것처럼 잡동사니를 1개씩 비워 집 안의 여백을 조금씩 만들었습니다. 그렇게 만든 공간의 여백을 모서리 한구석으로 바꾸었습니다. 이러기를 여러 번 하여 겨우 이 귀한 저만의 텅 빈 공간을 갖게 되었습니다. 온전하게 제 의지로 만든 여백의 공간을 얻느라 몇 달이 더 걸렸습니다."

주부의 뺨에는 눈물이 흘렀다. 나는 "왜 그렇게까지 애를 써서 여백의 공간을 만들었단 말이오? 그 공간으로 무얼 하려오?" 하고 물었다.

주부는 다시 머뭇거리다가 대답했다.

"이 텅 빈 공간 하나가 갖고 싶었습니다."

미니멀 라이프를 시작하면서 물건을 줄이는 데 집중했고,
공간과 일상에 여백이 생기면서 살아가는 모습과
마음가짐이 달라졌습니다. 하지만 제 안의 물욕이나
허영이 완전히 사라진 것은 아닙니다.
미니멀 라이프를 한다고 당장 모든 문제가 사라지거나
근사한 삶을 살게 되는 것 같지는 않습니다.
하지만 비운 후에야 내게 진짜 소중한 것이 보이기 시작했습니다.
비우는 삶 가운데 무엇을 남길 것인지
그리고 어렵게 얻은 여백을 무엇으로 채워나갈 것인지
끊임없이 스스로에게 묻는 태도를 갖게 되었습니다.
완벽한 미니멀 라이프를 욕심내기보단 느리더라도
내 안의 모순을 끌어안고 하루하루 소중한 것에 집중하고 싶습니다.
'오늘의 내가 오늘의 나를 사랑하며 살아가는 것'.
이것이 미니멀 라이프로 얻은 행복의 정의랍니다.

PART 5 | 따옴표로 전하는 특별한 이야기

나의 미니멀리스트 선생님들

대충 하는
미니멀 라이프가 좋다

집에 가훈이 있듯 제 미니멀 라이프에도 그와 비슷한 것이 있습니다. 바로 '마음을 다해 대충 하는 미니멀 라이프'라는 말입니다. 이 말은 일러스트레이터 겸 작가인 안자이 미즈마루의 책《안자이 미즈마루: 마음을 다해 대충 그린 그림》(씨네21북스, 2015) 에서 영감을 받은 것입니다.

무라카미 하루키의 에세이에서 그의 일러스트를 처음 보았는데, 하루키의 글을 그림으로 쓴 것처럼 잘 어울리면서 마음을 묘하게 편안하게 해주는 느낌이었답니다. 무엇보다 그의 그림에는 부담이라고는 전혀 없는 친근함과 솔직함이 풍겼습니다. 후에 그분의 책에서 그림을 그리는 태도에 관한 이야기를 보고 진한 공감을 하게 되었습니다.

저는 반쯤 놀이 기분으로 그린 그림이 마음에 들더군요. 진지함이 좋은 거라고 생각하는 일본에서는 별로 없는 스타일이죠. 일본인에게는 진지한 것이 좋고, 진지하지 못한 것은 좋지 않다고 생각하는 풍조가 있습니다. 그러나 그림을 그릴 때의 태도로, 진지하게 그림과 마주해야 좋은 그림을 그릴 수 있는 사람도 있고, 그렇지 않은 사람도 있습니다. 아침에 일어나 냉수마찰을 하고 불단에 기도를 한 뒤 작업에 들어가는 도예가가 있는가 하면, 저는 휘파람을 불면서 작업 선반을 걷어차며 일을 하는 편이라고 할까요(웃음).

- 안자이 미즈마루, 《안자이 미즈마루》 중에서 -

미니멀 라이프 역시 진지하게 마주해야 좋은 미니멀 라이프를 할 수 있는 사람도 있을 테지만, 그렇지 않은 사람도 있다고 생각합니다. 흐트러짐 없는 철저한 태도로 미니멀 라이프를 하는 분들이 있다면, 나는 휘파람을 불면서 살림을 걷어차기도 하는(실제로 걷어차지는 않지만 덤벙거리는 모습으로 살림을 하긴 합니다) 미니멀 라이프에 가깝습니다. 타고난 성정이 차분하기보다는 어수선하고, 진지하기보다는 빈틈 많은 철부지인지라 냉수마찰로 정신단련을 하는 것 같은 인내심은 애초에 기대하기 어렵기 때문입니다.

또한 미니멀 라이프에 커다란 호감을 가지고 있지만 그렇다고 삶의 유일한 정답이라고는 생각하지 않는답니다. 제 삶의 여러 가지 방향

중에서 미니멀 라이프를 굵직한 노선이라 생각하며 설렁설렁 휘파람을 불며 유유자적 걸어나가고 싶습니다.

아울러 안자이 미즈마루는 이렇게 덧붙입니다.

"저는 뭔가를 깊이 생각해서 쓰고, 그리고 하는 걸 좋아하지 않습니다. 열심히 하지 않아요. 이렇게 말하면 '대충 한다'고 바로 부정적으로 보는 사람이 많지만, 대충 한 게 더 나은 사람도 있답니다. 저는 그런 사람 중 한 명이지 않으려나요."

제가 바라는 미니멀 라이프도 정해진 룰을 벗어나는 걸 용납하지 못하는 엄격한 것과는 거리가 멉니다. 물건을 많이 소유해도 당사자가 그것으로 얻는 기쁨이 분명히 존재한다면 그것으로 충분합니다. 미니멀 라이프란 나에게 소중한 것에 집중하고 만족하는 삶이니 말입니다.

고백하자면 제 옷장엔 살 빠지면 입겠노라 사놓고 입지 못하는 옷이 몇 벌 있습니다. 지금까지 비우지 않는 까닭은 입지는 못 하더라도 바라만 봐도 행복하기 때문입니다(실은 비싸게 주고 산 거라 아까워서 미련을 놓지 못하겠어요, 흑흑). 그래도 조만간 옷장 속 입지 못하는 옷은 둘 중 하나를 택해야 하지 않나 싶습니다. 살을 빼서 입든가, 깔끔하게 단념하고 비우든가….

나는 이제
무서워하지 않습니다

너는 이제 무서워하지 않아도 된다.

가난도 고독도 그 어떤 눈길도.

너는 이제 부끄러워하지 않아도 된다. 조그마한 안정을

얻기 위하여 견디어 온 모든 타협을.

고요히 누워서 네가 지금 가는 곳에는

너같이 순한 사람들과 이제는 순할 수밖에 없는 사람들이

다 같이 잠들어 있다.

– 피천득, 〈너는 이제〉, 《생명》(샘터, 1997) –

피천득 선생님의 장례식에서 이해인 수녀님께선 이 글을 조시弔詩로 낭독해주셨습니다. 피천득 선생님께서 1997년에 이 시를 세상에 내놓으시자 당시 이해인 수녀님께서는 피천득 선생님께서 자신의 죽음을 예비하시는 것을 가슴으로 느끼셨다 합니다.

생전 선생님께선 서른두 평 아파트에서 오래도록 사셨습니다. 소파나 변변한 가구 하나 소유하지 않으시며 늘 가난한 이들에게 미안해하셨다고 전해집니다. 아름다운 문장을 만들어내는 일을 업으로 삼고 책 읽는 것이 무엇보다 큰 즐거움이었지만 작은 책장에 몇 권의 책 이외에는 소장하지 않으실 정도로 욕심 없는 삶의 자세를 보여주셨습니다.

"선생님은 생과 사마저도 초탈해 버린 듯한 수사修士의 모습으로 그곳에 계셨어요. 아니 선생님의 글처럼 정갈하고 티끌 하나 없이 잘 정제된 수필이셨습니다. 가구 하나 없이 텅 빈 마루, 서재라 하기엔 너무나 작은 선생님 방의 낡은 책상과 의자, 오래된 영문 시집들이 꽂혀 있는 서가…." 이해인 수녀님은 이렇게 회고하십니다.

피천득 선생님 거실엔 벽에 걸지 않은 몇 개의 액자가 있었다 합니다. 혹여 벽에 못질을 하면 이웃에게 불편을 끼치지 않을까 염려하시는 마음으로 걸지 않으셨다 하니 섬세하고 따뜻한 선생님의 배려에 고개가 저절로 숙여집니다.

선생님께서 남긴 유품은 하나같이 소박하고 오래된 것들이었답니

다. 제 마음에 깊이 아로새겨진 선생님의 유품은 인형들이었습니다. 사랑하는 딸 서영 씨가 미국으로 유학 간 후 따님이 가지고 놀던 인형에게 '난영'이란 이름을 지어주고 엄마처럼 평생 돌보셨다는 일화는 유명합니다.

목욕도 시켜주고 여름이면 반소매를 겨울이면 털옷을 입히고 혹여 선생님께서 늦게까지 일을 해 잠자리에 일찍 들지 못하면 난영이에게 미안해하셨습니다. 난영과 함께 선물로 받으신 곰인형도 애지중지 아끼셨는데 밤이면 안대를 씌워줄 정도로 말 못 하는 사물에게도 진심 어린 사랑을 쏟아주셨답니다.

선생님이 자녀분들에게 언제나 강조하셨던 부분은 '정직'이었답니다. 이해인 수녀님 말씀처럼 티끌 하나 찾아보기 어려운 선생님의 맑은 글귀에 마음이 뭉클해지는 건 선생님의 삶이 그 글을 닮아서일 겁니다.

미니멀 라이프가 추구하는 삶의 자세와 피천득 선생님의 글과 삶에는 비슷한 신념이 느껴집니다. 과거에 제가 물건에 집착했던 이유는 무서움 때문이 아닐까 싶습니다. 가난이 무서웠을 수도 있습니다. 가난해 보이는 게 싫어 무모하게 과한 소비를 했을는지 모릅니다. 고독도 두려웠을 것입니다. 외롭고 헛헛한 마음을 쇼핑으로 채웠는지 모릅니다. 때로는 타인의 눈길조차 평가를 받는 것 같아 괴로웠을 겁니다. 폄하당하는 것이 염려되어 허세를 부렸는지 모릅니다. 조그마한 안정이나마 찾고자 지위나 관계를 유지하기 위해 전전긍긍하면서 원칙을 잃고 타협했는지도 모릅니다.

선생님의 말씀에 빗대어 스스로 되뇌어봅니다.
나는 이제 무서워하지 않아도 됩니다.
가난도, 고독도 그 어떤 눈길도
나는 이제 부끄러워하지 않아도 됩니다.
조그마한 안정을 얻기 위하여 견디어온
건강치 못한 타협에 이제는 불응하렵니다.
내가 가는 곳에는 그리고 내가 머무는 집에는
나를 사랑해주는 이가 함께 있음에 감사합니다.
많은 이들과 인연 맺기를 원하기보다는
매우 적은 연이라 해도 소박함을 사랑하는 이들과
마음을 나누면서 살고 싶습니다.
나는 이제 무서워하지 않아도 됩니다.

더 많이 가질 수 있음을 놓는 용기

"제가 광고한 다이어트약을 지인 아내 분께서 큰맘 먹고 구매하셨다는 이야기를 듣고 양심에 찔렸어요. 사실 저는 그 약으로 살을 뺀 게 아니었거든요."

몇 년 전 방송에서 가수 이효리 씨가 상업적인 광고를 더는 찍지 않겠다고 선언하게 된 계기를 듣고 참 대단하다는 생각이 들었습니다. 의식주는 물론 라이프 스타일까지 모든 것이 화제가 되고 유행으로 이어지는 시대의 아이콘인 그이기 때문입니다. 나 역시 이효리 씨의 하우스 웨딩에 홀딱 반해 웨딩 사진으로나마 흉내 내겠다며 차가운 겨울 날씨에 양가 부모님을 모시고 빛바랜 누런 잔디마당 앞에서 덜덜 떨며

악착같이 사진을 찍었으니 말입니다.

광고로 더 이상 벌지 않아도 될 만큼 충분하다는 그의 발언을 '하긴 돈 많은데 뭘!' 하고 대수롭지 않게 넘길 만도 하지만 사람의 욕망이란 넘치도록 있어도 더 원하게 되는 것임을 부정할 수 없습니다. 나부터도 미니멀 라이프를 한다고는 하지만 원하는 물건 수가 줄어들었을 뿐 소유욕이 완전히 사라지지는 않습니다. 더구나 특히 돈 앞에서는 더 어려울 것 같습니다. 그렇기에 더 많이 가질 수 있음에도 놓을 수 있다는 건 실로 대단한 신념이 필요한 일이라 생각됩니다.

이효리 씨가 보인 최근 행보와 삶에도 미니멀 라이프의 향기가 짙게 느껴집니다. 그의 최신 앨범 <BLACK>의 수록곡 중 'Mute'에는 이런 가사가 있습니다.

"어쩌면 많은 게 사라져갈수록 나는 네가 또 너는 내가 보일지 몰라."

그의 무대를 보며 가사처럼 그를 둘러싼 많은 게 사라져갈수록 그가 더 잘 보인다는 생각을 했습니다. 정확히 말하면 전에는 잘 보이지 않던 그의 또 다른 아름다움이 보입니다. 현란한 댄스와 빠른 템포가 사라지니 화면을 압도하던 특유의 발랄함이 사라진 것 같은 아쉬움도 있지만, 그의 눈빛이 이토록 깊었던가, 목소리가 이렇게나 담백했던가 하며 이효리라는 이름의 새로운 가수를 만난 듯 감탄했습니다.

지금까지 대중들이 원하는 음악을 찾아왔다면 이제는 내가 대중에게 들려주고 싶은 이야기를 노래에 담고 싶다는 소신 있는 말. 그러면서 대중의 기억에서 지워질까 걱정도 되었다는 솔직함. 상업적인 광고는 찍지 않겠다는 연예인으로서는 거부하기 힘든 선택을 하는 자신감. 그렇지만 앨범 수익이 없어 사장님께 죄송하다는 고민을 토로하는 인간미.

자신의 모순에 대한 그의 진솔한 고백이 미니멀 라이프를 실천한다고는 하지만 여러 가지 모순 앞에 고민하게 되는 제게 따뜻한 격려가 되었습니다. 앞으로 그가 상업광고를 다시 찍는다 해도 그의 선택에 지지를 보내고 싶습니다. 광고를 중단한 것처럼 거기에도 충분히 본인만의 신념이 있을 거라 믿습니다. 그렇게 생각은 하면서도 '효리네 민박'에서 그가 걸치고 나온 로브가 어디 제품인지 궁금해 검색해보는 나란 사람입니다만….

나도 언젠가 그처럼 더 많은 것을 가질 수 있다 해도 내 소신에 어긋난다면 내려놓을 수 있는 용기가 조금이라도 생기기를 꿈꿔봅니다.

어차피 백 년이 지나면 아무도 없어

어차피

백 년이 지나면

아무도 없어

너도 나도

그 사람도

-에쿠니 가오리, 〈무제〉, 《제비꽃 설탕 절임》(소담출판사, 2009) -

미니멀 라이프를 실천하면서 에쿠니 가오리 작가 시집에서 읽은 짧은 시가 종종 생각날 때가 있습니다. 나를 미워하는 사람도, 내게 상처 주는 사람도, 내가 증오하는 사람도, 나를 아끼는 사람도, 내가 사랑하는 사람도,

내게 헌신했던 사람도… 어차피 백 년이 지나면 어느 누구도 남아 있지 않을 거라 생각하면 어느 순간 마음속 미움도 상처도 사라지고 부질없는 집착도 가라앉습니다.

철없이 세월을 보내고 나니 젊디젊은 나이와는 거리가 멀어졌습니다. 그런 생각이 들면 쓸데없는 일에 소모하는 시간이 진심으로 아까워집니다. 흔히 듣는 '사랑만 하고 살기에도 삶은 너무나 짧다'는 말이 정말 귀한 조언이라 여겨진답니다.

문득 제가 왜 미니멀리스트를 바라게 되었는지 새삼 깨닫습니다. 시간이란 한정되어 있고 언젠가 형태가 있는 것은 사라지기 마련입니다. 그렇기에 이 순간을 소중하게 여기고 중요한 것에 집중하는 미니멀리스트로서의 삶을 닮아가고 싶습니다.

어차피 백 년이 지나면 아무도 없을 인생이기에 부정적인 것에 귀한 시간을 낭비하지 않고 싶답니다. 어차피 백 년 후에 너도 나도 그 사람도 아무도 없어진다고 생각하면 삶의 포커스를 어디에 두어야 할지 선명하게 느낍니다.

나를 미워하는 사람보다는 나를 사랑하고 아껴주는 사람과 한 번이라도 더 눈 마주치고 껴안고 사랑하고 고맙다 말하고 싶습니다. 내게 상처 준 사람보다는 내게 헌신했던 사람에게 한 번이라도 더 고개 숙이고 손을 내밀고 그대들은 하나님이 내게 준 선물이라 고백하렵니다.

어차피 백 년 후에 아무도 없을 세상이 될 것은 분명하지만 중요한 건 제가 지금 살아 숨 쉬고 있다는 사실입니다.

짧게 끝나는 시에 덧붙여봅니다.

"지금 살아 있는 이 순간에 감사하고 집중해. 신이 네게 허락해준 커다란 축복이니까."

싱크대 내부는
머릿속이다

몇년 전 드라마 디어마이프렌즈(이하 '디마프')를 재미있는 소설책의 남은 페이지가 줄어드는 것처럼 아껴가며 한 편 한 편 흥미진진하게 보았답니다.

매회가 명장면과 명대사로 꽉 차 있다지만 그중에서도 인상적인 장면이 있습니다. 치매에 걸려 집을 나간 희자(김혜자 분)를 걱정하며 그의 집에 지인들이 모입니다. 절친인 친구 정아(나문희 분)는 "얼굴만 마주 보고 있음 뭐 해. 속만 터지지"라며 희자의 싱크대를 열어봅니다. 온갖 잡동사니로 가득 찬 싱크대 상부장을 보고 기겁을 하며 하부장 문도 열어젖힙니다. 하부장도 마찬가지로 온갖 물품들로 꽉 차 있는 걸 발견합니다. 주방에는 어울리지 않는 장갑부터 시작해 온갖 잡동사니들의 수납함으로 전락한 믹서기까지.

희자의 싱크대 안을 보고 난 정아는 속이 상해 어쩔 줄 몰라 합니다. "아휴, 희자년 머릿속이 이 지경인 것 같아. 속이 상한다, 내가…." 한탄하며 바닥에 물건을 다 꺼내놓고 정리를 시작합니다.

매우 짧게 지나가는 장면이었지만 오래도록 마음에 남아 곱씹게 되었답니다. 극 중 정아의 대사처럼 사람이 일상에서 마음을 다잡지 못하거나 스트레스가 있을 때 단박에 티가 나는 것이 집 안 살림살이의 모양새가 아닐까 싶습니다. 정아에겐 엉망진창으로 방치된 싱크대 내부가 치매로 엉망진창이 되어가는 친구의 머릿속같이 느껴졌던 겁니다.

마음이 한없이 아팠기에 저런 한탄이 저절로 나왔으리라 짐작되었습니다. 쑤셔 박혀 있던 바구니, 설탕 봉지 등을 모조리 꺼내 정돈을 하는 그의 분주한 손길에서 친구의 머릿속을 어지럽히는 부질없는 상념과 아픔이 부디 사라지길 바라는 간절함이 보였습니다.

제 경우에도 엄청난 짐을 정리하고 서랍 속 빈 바닥이 보일 때 마음속 복잡한 문제가 풀리는 기분이 들었습니다. 마치 뭐 이리 쓸데없는 짐을 가지고 있었나 하는 것처럼 뭐 이리 쓸데없는 걱정을 하고 있었나 하는 생각이 들면서 왠지 마음이 가벼워졌습니다.

물론 싱크대 내부가 반짝거리고 잡동사니가 하나도 없다고 인생사 고민이 다 해결되지는 않을 겁니다. 하지만 물건의 제자리를 찾아주고 일상을 정돈하며 살아가는 것, 그러한 삶을 위한 움직임이 인생사의 고민을 조금은 덜어줄 거라 믿습니다.

미니멀 라이프를 실천하려 하지만 내 일상은 '완벽'이 아닌 '대충'에 가깝습니다. 대단한 성찰로 득도하는 것과는 아주 거리가 멀고 고작해야 이전보다 적은 물건을 소유하고 집을 정갈하게 유지하려 노력하는 것에 불과합니다. 솔직히 그조차 벅찰 때도 있습니다. 하지만 내가 가진 물건을 단정하게 정리하는 것은 삶을 성실하게 꾸려나가고자 하는 제 의지의 표현입니다. 드라마 〈디어마이프렌즈〉의 정아가 치매에 걸린 친구의 싱크대 속을 포기하지 않고 정리하는 것처럼 말입니다.

싱크대 내부는 머릿속이다

내 취향에 귀 기울이기

마흔이 넘어서 알게 된 사실 하나는 친구가 별로 중요하지 않다는 거예요. 잘못 생각했던 거죠. 친구를 덜 만났으면 내 인생이 더 풍요로웠을 것 같아요. 쓸데없는 술자리에 시간을 너무 많이 낭비했어요. 맞출 수 없는 변덕스럽고 복잡한 여러 친구들의 성향과 각기 다른 성격, 이런 걸 맞춰주느라 시간을 너무 허비했어요. 차라리 그 시간에 책이나 읽을걸, 잠을 자거나 음악이나 들을걸. 그냥 거리를 걷던가. 20대, 젊을 때에는 그 친구들과 영원히 같이 갈 것 같고 앞으로도 함께 해나갈 일이 많이 있을 것 같아서 내가 손해 보는 게 있어도 맞춰주고 그러잖아요. 근데 아니더라고요. 이런저런 이유로 결국은 많은 친구들과 멀어지게 되더군요.

그보다는 자기 자신의 취향에 귀기울이고 영혼을 좀더 풍요롭게 만드는 게 더 중요한 거예요.

-김영하, 《말하다》(문학동네, 2015) -

김영하 작가의 책에서 친구에 대한 글을 접하고 참 깊이 공감했습니다. 제가 한창 회사 생활을 할 때는 인맥이 많을수록 성공한 삶이라는 사회 분위기가 형성되어 있었고 나 또한 그러한 분위기에 고무되었습니다. 그런 메시지가 틀린 것은 아닐 테지만 스스로의 성향이나 관계에 대한 깊은 고민 없이 '나도 인맥왕이 되어볼까?' 하며 섣부르게 많은 이들과의 인연에 집착했던 데서 문제가 시작되었습니다. 쓸데없는 술자리를 비롯해 인맥 관리에 과한 시간을 쏟아붓느라 정작 집중해야 할 일에는 소홀하게 되는 부작용이 따랐습니다.

김영하 작가의 글처럼 나 또한 혹여 관계가 안 좋게 틀어질까 염려되는 마음에 여러 친구들의 성향과 각기 다른 성격을 억지로 맞추느라 시간은 물론 감정을 너무 허비했던 것 같습니다. 한편으로는 제 자신이야말로 어느 누군가에게 변덕스럽고 맞추기 어려운 존재였을 거라는 생각에 반성의 시간을 가졌습니다. 과거에 한없이 철없던 저로 인해 시간과 감정을 허비했을 분들이 분명 있을 테니까요(부디 용서해 주세요…).

김영하 작가의 친구에 대한 발언이 친구 무용론을 뜻하는 것은 아닐 겁니다. 진실한 우정을 나누는 친구가 많다는 건 참으로 근사한 인생입니다. 그의 글이 가진 포인트는 친구가 헛되다는 것이 아니라, 자신의 취향에 먼저 귀를 기울이는 삶의 태도를 가져보라는 조언이 아닐까 싶습니다. 그거야말로 자신의 영혼을 풍요롭게 만드는 지름길이라는 말에 고개가 끄덕여집니다. 김영하 작가의 이야기에 친구가 아닌 물건을 대입해보면 미니멀 라이프의 철학도 그와 흡사하다는 생각이 듭니다.

마흔이 넘어서 알게 된 사실 하나는 많은 물건이 별로 중요하지 않다는 거예요. 잘못 생각했던 거죠. 물건에 덜 욕심 부렸다면 내 인생이 더 풍요로웠을 것 같아요. 쓸데없는 소비와 소유욕에 시간을 너무 많이 낭비했어요. 맞출 수 없는 변덕스럽고 복잡한 유행과 각기 다른 스타일, 이런 걸 다 갖추느라 돈과 시간을 너무 허비했어요. 차라리 그 시간에 책이나 읽을걸, 잠을 자거나, 음악이나 들을걸. 그냥 거리를 걷던가.

20대, 젊을 때에는 그 물건들이 주는 기쁨이 오래 갈 것 같고 앞으로도 많이 자랑하게 되고 계속 나를 빛내줄 것 같아서 내 수입에 무리인 게 뻔해도 사고 그러잖아요. 근데 아니더라고요. 이런저런 이유로 결국은 많은 물건들과 멀어지게 되더군요. 그보다는 자기 자신의 취향에 귀기울이고 영혼을 좀더 풍요롭게 만드는 게 더 중요한 거예요.

김영하 작가의 글에 '친구'란 단어를 '물건'이라 바꿔보니, 친구가 아니어도 지나치게 과욕 부렸던 물건이나 과도하게 넘쳤던 욕망은 정작 중요하게 채웠어야 할 제 취향을 빈곤하게 만든 주범이었던 것 같습니다. 미니멀 라이프로 물건을 비우는 목적도 거기에 뺏긴 시간과 돈 그리고 열정을 본인의 취향에 귀 기울이는 쪽으로 방향을 전환하라는 의미이겠지요.

친구가 별로 중요하지 않다는 말에는 친구 없이 홀로 살 것을 권유하는 것이 아니라 진정한 친구와의 만남은 축복이지만 그보다 타인이 아닌 자신의 취향과 평온한 일상으로 삶의 기초 틀을 단단히 만드는 것이 중요하다는 메시지가 담겨 있습니다.

미니멀 라이프 역시 물건이 별로 중요하지 않다거나 최대한 물건 없이 살라고 주장하는 것이 아닙니다. 제 삶의 질서에서 물건이 우선이 되지 않고, 제 영혼을 풍성하게 만드는 것이 소중하게 지켜지도록 우선순위를 정렬하라는 것입니다.

신기하게도 미니멀 라이프를 시작한 이후 혼자 책을 읽고, 차를 마시는 시간이 부쩍 늘어났습니다. 분수에 맞지 않는 물건을 가지고 싶어 안달복달하며 에너지와 돈을 낭비하는 일도 줄었습니다. 그것만으로도 미니멀 라이프를 통해 충분한 평온을 얻은 기분이랍니다.

내 어린 동생 화평아,
안녕

계절은 아름답게 돌아오고

재미있고 즐거운 날들은

조금씩 슬프게 지나간다.

-에쿠니 가오리, 《호텔 선인장》 (소담출판사, 2003)-

새롭게 돌아오는 계절의 아름다움만 알던 시절이 있었습니다. 나이가 들며 이 글귀처럼 지나가는 시간의 슬픔이 더 짙게 다가옴을 느낍니다. 새로운 계절이 돌아온다는 것은 때로는 어쩔 수 없는 이별을 동반함을 뼈저리게 느끼기 때문입니다. 생과 사 역시 자연의 이치이겠지만 하릴없이 사무친 슬픔으로 새겨지는 이별이 있습니다.

어린 시절부터 우리 가족과 함께 한 반려견 화평이와의 이별이 그렇습니다. 2018년 늦여름, 공기에서 옅은 초가을 냄새가 나기 시작하던 날 저녁에 화평이는 18살의 생을 마쳤습니다. 열여덟살. 사람에게는 청춘으로 각인되는 싱그럽디 싱그러운 나이가 어째서 강아지에겐 죽음과 가까운 나이인지 서글프고 야속하기만 합니다.

너무나 강아지를 키우고 싶던 마음에 친구가 선물로 주었다며 시츄 강아지를 처음 집에 데려왔을 때 부모님은 무척 진지하게 반대하셨습니다. 단순히 귀엽다는 이유만으로 반려동물과 함부로 인연을 맺는 게 아니라는 걸 잘 아셨기 때문이지요. 하지만 그 귀여움에 반대하시던 마음은 금방 눈 녹듯 사라져버리셨고 '화목하고 평온하라'는 의미의 '화평'이라는 이름까지 지어주셨습니다.

이름처럼 순하디 순한 화평이는 어디를 데리고 가도 시선집중이 되는 귀염둥이였답니다. 동그란 눈망울, 보드라운 털을 지닌 화평이가 노견이 되는 건 상상하기 어려운 일이었습니다. 강아지와 사람의 시간은 몇 배나 차이가 난다는 이야기를 들어도 전혀 체감되지 않았답니다. 화평이는 그렇게 요즘 말로 '귀여움 주의'라는 타이틀만 어울리는 존재, 우리집 막내로 평생 머물러있을 줄 알았습니다.

화평이에게 저란 사람은 예뻐할 줄만 알았지, 현실적인 케어에는 무책임했던 누나였음을 고백합니다. 화평이의 생애를 함께해 주고 보살펴주신 존재는 온전히 부모님이십니다. 독립해서 자취하고, 회사 다니고, 공부하러 외국에 왔다 갔다 하면서 가끔 나타나 간식 공세를 펼치고 부비부비 스킨십이나 하며 귀찮게 했을 누나였을 텐데도 속 깊은 화평이는 제가 갈 때마다 한결같이 반가워해주고 애정을 보여주었습니다. 자식인 제가 밖으로만 돌아다닐 때 적적하셨을 부모님 곁에 있어주고 무뚝뚝한 딸이 하지 못한 효도를 대신 해 준 것도 화평이었답니다. 예전 부모님 사진을 보면 항상 화평이를 품에 안고 환하게 웃고 계십니다.

야속한 세월에 노견이 된 화평이의 컨디션은 눈에 띄게 쇠약해져갔습니다. 기회만 보이면 탁자에 올라갈 정도로 에너지 넘치던 호기심쟁이가 이젠 작은 계단도 힘들어해 안아줘야 합니다. 자다가도 침을 흘릴 정도로 쇠약해져 얼굴 밑에 수건을 깔아줍니다. 윤기 나는 털이 참 예뻤는데 지금은 숱도 적어졌고 피부도 얼룩덜룩합니다. 가족들이 집에 돌아오면 꼬리를 세차게 흔들며 온몸으로 반겨주었는데 이제 귀가 나빠져 식구들이 오가는 소리를 못합니다.

다리 힘이 부쩍 약해져 잘 걷지 못하는 화평이를 엄마는 어린아이 어부바 하듯 늘 업어주셨습니다. 주변에서 "그 나이면 오래도 살았네요" 혹은 "걷지도 못 할 정도면 차라리 안락사가 낫지 않겠어요" 하는 야속한 말도 자주 들었습니다. 하지만, 저희 가족은 전혀 개의치 않았답니다. 사랑하는 가족들이 곁에 있는 것만으로도 화평이의 삶은 충분히 행복하다는 것을 알았기 때문입니다.

화평이가 떠나고 남긴 유품을 정리해봅니다. 물그릇, 밥그릇, 옷 몇 벌, 목줄 그리고 빗. 18년이란 짧지 않은 세월을 산 화평이가 저희에게 남긴 물품은 이토록 소박합니다. 제 욕심에 비싼 강아지 용품을 사줘도 화평이가 좋아하는 건 가족의 체취가 묻은 그릇과 오래된 방석이었답니다.

도미니크 로로는《심플한 정리법》에서 세상을 떠난 사람이 남기는 유품이 너무 많다면 그건 고통을 남기는 것이며 추억만 남기는 것이 이별의 선물이라고 말합니다. 화평이와의 이별은 슬펐지만 제게 따뜻한 기억들과 함께 삶을 대하는 소중한 태도를 전해주었습니다. 이를테면 행복이란 물질이 아니라 현재 만들어나가는 기억이며, 값진 이별의 선물 또한 물건이 아니라 함께한 추억이라는 것을요. 그러니 남기고 가는 건 심플하게, 살아있을 때는 차고 넘치도록 사랑하며 살아가자고 다짐합니다.

화평이는 마지막 순간까지 저희 가족과 함께 한 생의 모든 순간이 평온하고 감사했음을 온순한 눈빛으로 말해주었습니다. 살아있을 때 단 한순간도 허투루 버리지 않고 우리 가족에게 사랑을 주었던 화평이를 영원히 기억하려합니다.

"예를 들면, 바다에서 물놀이를 하고 돌아온 날 밤,
잠자리에 들어도 여전히 몸이 파도에 일렁이는 듯한 느낌.
한낮의 해변에 드러누워 눈을 감아도 태양이 보이는 것 같은 느낌.
그런 식으로 너는 늘 내 안에 있었다"

- 에쿠니 가오리, 〈선잠〉, 《맨드라미의 빨강 버드나무의 초록》 (소담출판사, 2008)-

우리 가족은 충분한 애도의 시간을 갖고 일상의 리듬으로 돌아가겠지만, 공기에서, 햇살에서, 바람에서, 피어나는 꽃에서 화평이를 추억하고 사랑하고 고마워할 것입니다.

겸손하게
소유하기

도미니크 로로의《심플한 정리법》에는 '문제는 우리가 소유하는 것 자체가 아니라, 소유하는 방법과 이유에 있다'는 문장이 있습니다. 소유하는 것 자체가 아닌, 소유하는 방법과 이유를 고민하라는 의미가 무슨 말인지 처음엔 와닿지 않았는데 그 의문에 대한 해답이 될만한 일을 경험했답니다.

시어머님께서 커다란 택배를 보내주셨습니다. 집밥을 이전보다 자주 해 먹으려 노력한다는 이야기를 들으시고, 필요한 것들을 물어보신 후 살뜰하게 챙겨주신 겁니다. 정성스러운 포장에서 혹여 배달과정에서 조금이라도 흐를까 노심초사하셨을 어머님의 마음이 고스란히 전해왔습니다. 요리에 서툰 며느리를 위해 하나하나 친필로 재료 이름을 써주셨습니다. 눌러 쓰신 글자에서 꾹꾹 눌러 가득 담으신 애정이 느껴집니다. 신문지에 싸주신 건 뭘까 궁금해 여쭈니 어머님께서 '애기배추'라 알려주십니다. 요즘 나오는 건데 보드랍고 맛있어 채소 좋아하는 제 생각이 나 챙겨 보내셨다 합니다.

마치 한 아름 꽃다발 선물이라도 받은 것처럼 기쁩니다. 자주 찾아뵙지도 못해, 갓 따온 애기배추도 어머님과 마주 앉아 도란도란 먹지 못하는 며느리라 죄송해집니다. 혹시라도 끼니를 거를까 걱정이 되셨는지 아무리 바빠도 미숫가루 한잔 챙겨 마시라 당부하시며, 직접 만드신 미숫가루도 보내주셨습니다. 열자마자 집 안에 고소한 향기가 가득 채워집니다. 하나씩 꺼내보니 그 양이 적지 않습니다.

만약 미니멀 라이프를 처음 시작했을 때의 저라면 시부모님께서 보내주신 음식을 보며 "저희 냉장고가 큰 편이 아니라 조금만 주세요"라거나 "둘이 먹기엔 너무 많아요" 하며 불평 어린 소리를 했을지도 모릅니다.

하지만 심플한 삶의 열쇠는 소유를 금기시하는 게 아니라 소유하는 방법과 이유를 찾는 것임을 이제나마 깨달았습니다. 양가 부모님께서는 둘이 먹기에 많다면 얼마든지 주변 지인들과 나눠도 좋다고 하십니다. 평생 그렇게 살아오신 분들이니 자연스러운 일이겠지요. 단순히 양만 보고 미니멀 라이프와는 맞지 않는다고 투덜거리는 건 실은 나의 게으른 변명에 지나지 않았습니다.

부모님께서 주신 음식들을 통해 '겸손하게 소유하는 법'에 대해 배우게 됩니다. 보드라운 애기배추를 보시고 '새아기가 맛있게 먹을 텐데' 하시며 신문지에 곱게 싸셨겠지요. '이건 고추장, 그리고 요건 매실청, 그냥 간장이 아니라 닭인 간장이라 써줘야겠지….' 한 글자 한 글자 돋보기 안경을 쓰시고 손수 적으셨겠지요. 넉넉히 챙기시면서 저희의 건강과 행복을 위해 기도드리셨겠지요.

상상도 하기 싫지만 언젠간 이 모든 것을 사무치도록 그리워할 날이 올 거라 생각하니 어머님께서 '닭인간장' '메실청'이라 적어주신 병을 소중하게 어루만지게 됩니다. 부모님께서 주시는 것은 너무나 당연하게 여기고, 교만하게 소유했던 과거의 내 미숙함을 깨닫고 감사하는 마음을 알아갑니다.

어머님이 보내주신 고추장으로 만든 떡볶이를 사진 찍어 어머님 휴대폰에 보내드리고 "어머님, 고추장이 너무 맛있어요"라며 전화해 한참 이런저런 이야기를 나눠봅니다. 당분간 우리 집 냉장고는 매우 '맥시멈'하게 보일지도 모릅니다. 하지만, 이제야 제대로 소유하는 법을 조금씩 깨닫는 기분이 듭니다. 물건을 적게 소유한다 해도 감사할 줄 모르는 삶과 물건을 많이 소유해도 감사가 넘치는 삶이 있다면 제가 생각하는 진정한 미니멀 라이프는 후자이기 때문입니다.

내게 부족함이 없으리로다

여호와는 나의 목자시니 내게 부족함이 없으리로다.

-시편 23장 1절 -

미니멀 라이프를 하면서 마음에 각인되는 성경 구절이 생겼습니다. 바로 "내게 부족함이 없으리로다"라는 문구입니다. 과거를 돌아보면 차고 넘치게 많아도 부족하다는 불평만 거듭했답니다. 하나를 채워주시면 둘을 원하고, 둘을 주시면, 셋을 바랐습니다. 아무리 부어주셔도 감사할 줄 몰랐답니다. 당신께 드리는 기도는 항상 "주세요"로 끝나는 간구만 나열합니다. "이것만으로도 충분히 만족합니다"라고 하기엔 여전히 제 안에 있는 욕심이 너무 컸나 봅니다. 그래도 이제 조금은 알

것 같습니다. 삶은 더 많고 큰 것이 아닌 부족함이 없는 충분함으로 아름다워진다는 것을요. 제 철없는 기도에 조심스레 덧붙여봅니다.

"사랑의 하나님, 저는 부족함이 없습니다. 모두가 이미 당신께서 채워주셨기 때문입니다."

지금은 비록 입술로만 하는 부족한 고백에 불과하지만, 언젠가는 삶 전체가 증거가 되는 고백이 되기를 바라면서 말입니다. 저란 사람이 도달하기엔 무척 어려운 기도임에는 분명합니다. 하지만 그럼에도 영원히 놓지 않고 싶은 소중한 기도입니다.

Epilogue

사람마다 알맞은 정리의 기회가 찾아온다

tvN에서 방영한 <신박한 정리>라는 프로그램을 즐겨보았습니다. 매회 정리정돈에 대한 유용한 팁을 많이 얻을 수 있었고 느슨해진 정리 습관을 돌아보는 동기부여도 되었답니다.

여러 출연자분들의 사연 중 김가연 배우의 이야기는 특히 인상적이었습니다. 화장실은 욕조와 샤워기를 사용하기 어려울 정도로 짐이 많은 상태였고, 팬트리는 업장을 방불케 할 만큼의 대용량 식재료들로 가득 차 있었습니다. 개구리 올챙이 시절 기억 못 한다고, 어느 누구보다 많은 물건을 이고 지고 살았으면서 내심 놀라고 말았습니다. 하지만 물건이 많은 이유를 들어보니 존경스러운 마음이 들었습니다.

음식 솜씨가 뛰어난 김가연 배우는 본인 음식을 먹고 맛있다는 지인들에게 택배로 손수 만든 음식을 수시로 보내고, 촬영장에서는 일명 '가연밥차'라는 이름으로 출장 뷔페처럼 스태프들이 먹을 각종 음식을 챙기신다고 합니다. 그러다 보니 자연스럽게 식재료는 대형으로 구입하고, 밀폐용기와 택배용 스티로폼 등도 상당량을 보관하고 있을 수밖에 없었던 거죠. 고작 우리 부부 두 사람의 단출한 밥상 차려 먹는 것도 벅찰 때가 많은 허당 주부인지라 다른 이들을 위해 음식을 만드는 사랑과 정성이 더욱 감동적으로 다가왔습니다.

〈신박한 정리〉 팀의 손길이 닿아 변신한 집은 보는 제가 다 마음이 시원해질 정도로 말끔해진 모양새였답니다. 결단 하에 많은 것들을 비워, 가족 모두 공간의 여백을 되찾고 싶다는 염원을 현실로 이룬 것이지요.

그런데 방송이 나간 후 김가연 님께서 개인 SNS에 속상한 마음을 올리셨더라고요. 방송에 나간 집을 보고 일부 차가운 말들이 있었나 봅니다. 다행히 많은 분들이 '사람 사는 거 다 비슷하다'는 응원의 메시지를 보내주셨습니다. 그중 김원희 님이 남기신 댓글이 참 뭉클했습니다.

"넌 게으른 게 아니라 정리의 때를 놓쳐서 그리된 거니 너무 반응에 신경 쓰지 마."

따뜻한 메시지에 그 글을 읽는 제가 다 격려받는 기분이었지요. 두 아이의 엄마이고 배우로 활동하시면서, 가족과 주변 사람들을 위해 맛있는 음식을 직접 만드는 김가연 님을 어느 누가 게으르다고 할 수 있을까 싶습니다. 다만 김원희 님의 말씀처럼 그저 정리의 때를 잠시 놓쳐서 그리된 것 뿐이겠지요. 이렇게 정리의 타이밍을 잡았으니 이제 본인에게 맞는 방식으로 유지해나가실 것 같습니다.

저는 누구에게나 정리의 때가 있다고 생각합니다. 핑계일지도 모르겠지만 회사에 다니고 야근에 치이고 화장 지우고 자기도 피곤한 나날을 보내던 시절엔 정리정돈의 시기를 잡기가 어려웠습니다. 게으른 탓도 있겠지만, 만약 구제불능 게으름뱅이였다면 회사도 열심히 다니지 않았을 테니까요. 그저 그때는 제가 가진 체력과 시간이 정리정돈에까지 미칠 여유가 없었던 거죠.

많은 분들이 아이를 키울 때는 집이 어느새 난장판이 된다고 합니다. 저는 아직 아이가 없지만 그 말에 십분 이해가 갑니다. 정리의 타이밍을 잡기 전에 아이를 씻기고 먹이고 재우고 놀아주기에도 몸이 부족할 테니까요. 게을러서 정리정돈을 못 한다고 함부로 상대방을 평가할 자격은 누구에게도 없다고 생각합니다. 겉으로 보이는 것만 보고 “이런 것 하나도 정리 못 해? 너는 정말 게으르다”라고 지적하는 건 교만일지도 모릅니다.

다만, 정리정돈의 시기는 누구에게나 수시로 찾아온다고 여깁니다. 이를테면 이사를 한다거나, 오랜만에 여유시간이 생긴 주말이라든가, 손님 초대 같은 계기가 생깁니다. 제 경우엔 갑자기 미니멀 라이프 관련

책을 읽고 큰 감흥을 얻어 정리정돈이 너무 하고 싶어졌고 실행에 옮기게 되었습니다. 그렇게 정리의 때를 만났을 때 좋은 기회로 여기고 놓치지 않는다면 막힌 곳이 뚫어지고 물꼬가 트이듯 좋은 흐름을 탈 수 있습니다.

우리 모두 게으른 게 아닐 거라 생각합니다. 아직 정리의 때를 못 만났을 뿐인 거죠. 다 괜찮습니다. 정리의 때는 스스로 다시 만들거나, 자연스레 찾아왔을 때 놓치지 않으면 되니까요.

요즘은 코로나 사태로 집에 반강제적으로 머무는 시기가 많아졌습니다. 힘든 시절이지만 어쩌면 지금을 정리의 때라고 긍정적으로 생각하고 기회로 삼는 것도 괜찮다고 느낍니다. 집안을 살펴 불필요한 물건을 비우고 싶다는 마음이 강하게 든다는 것. 내게 정리의 타이밍이 찾아온 행운 같은 신호일 겁니다. 이제 몸을 움직여 그 신호를 내 것으로 잡으면 됩니다. 감히 소망해본다면 이 책이 여러분에게 정리의 때를 만드는 데 작지만 확실한 힘이 되기를 바랍니다.

마음을 다해 대충 하는 미니멀 라이프

개정 1쇄 발행 2022년 2월 10일

지은이 밀리카
펴낸이 김영조
콘텐츠기획1팀 김은정, 김희현, 조형애
콘텐츠기획2팀 박유경, 윤민영
디자인팀 정지연
마케팅팀 이유섭, 황수진
경영지원팀 정은진
외부스태프 디자인 박진희 일러스트 숫카이
펴낸곳 싸이프레스
주소 서울시 마포구 양화로7길 44, 3층
전화 (02)335-0385/0399
팩스 (02)335-0397
이메일 cypressbook1@naver.com
홈페이지 www.cypressbook.co.kr
블로그 blog.naver.com/cypressbook1
포스트 post.naver.com/cypressbook1
인스타그램 싸이프레스 @cypress_book
스티커 아트북 @cypress_stickerartbook
출판등록 2009년 11월 3일 제2010-000105호

ISBN 979-11-6032-146-3 13590